Hermann Rühle

Sie brauchen
einen **Plan B**!

Wie Sie beruflichen Krisen zuvorkommen

Mit 6 Abbildungen und
7 Cartoons von Jörg Plannerer

Vandenhoeck & Ruprecht

Bibliografische Information der Deutschen Nationalbibliothek

Die Deutsche Nationalbibliothek verzeichnet diese Publikation in der Deutschen Nationalbibliografie; detaillierte bibliografische Daten sind im Internet über http://dnb.d-nb.de abrufbar.

ISBN 978-3-525-40334-1
ISBN 978-3-647-40334-2 (E-Book)

Layout und Satz: textformart, Göttingen
Druck und Bindung: ⊕ Hubert & Co, Göttingen

Gedruckt auf alterungsbeständigem Papier.

V&R

Inhalt

Was in Ihnen steckt und wie Sie das herausfinden 89

Wie Sie aus Ihrer biographischen Schatzkiste einen Plan B zaubern 129

Wie Sie mit Ihrem Plan B die Kurve kriegen 147

Anmerkungen 172

Literatur 174

Warum Sie
einen Plan B brauchen

Alternativlos.

Unwort des Jahres 2011

23 Gründe sprechen dafür, aber eigentlich genügt einer

- Sie sind mit Ihrem Job unzufrieden und suchen nach einer Alternative.
- Sie fragen sich, ob das alles war, was Ihnen das Leben in beruflicher Hinsicht beschert hat.
- Sie möchten endlich das machen, was Sie längst mit Ihrem Leben anfangen wollten.
- Sie wollen sich nicht mehr alles gefallen lassen und dem Chef einmal richtig die Meinung sagen.
- Sie haben sich durch eine Familientradition in einen Beruf drängen lassen und merken, dass das nicht Ihr Ding ist.
- Sie wären gern selbständig und wissen nicht, ob Sie sich das zutrauen sollen.
- Sie wollen wissen, welches Potenzial in Ihnen steckt und was Sie daraus machen könnten.
- Sie haben eine Geschäftsidee, sind sich aber nicht sicher, ob Ihre Motivstruktur zum Unternehmer taugt.
- Sie fühlen sich ziemlich ausgelaugt und wollen etwas ändern, bevor Sie ausgebrannt sind.
- Sie plagt das Gefühl, langsam in Routine zu erstarren und am Mangel an Neuem zu ersticken.
- Sie sind angestellt und Ihr Beschäftigungsverhältnis ist prekär.
- Sie wollen aus Ihrem heiligen Amt in den heiligen Stand der Ehe wechseln und Ihr Glaube, dass Ihr Arbeitgeber Sie im erlernten Beruf nicht mehr weiterbeschäftigen wird, grenzt an Sicherheit.
- Sie sind selbständig und Ihre Erwerbslage ist unbefriedigend.
- Sie sind sich nicht sicher, ob Sie die nächste Wirtschaftskrise in Ihrem derzeitigen Beschäftigungsverhältnis überleben können.
- Sie wären sogar zu einem Umzug bereit, aber vermutlich will Ihr Arbeitgeber nur die Produktion ins Billiglohnland verlagern.
- Sie wollen das abstrakte Grübeln über Ihr mögliches Schicksal durch eine konkrete Perspektive ersetzen.
- Sie wissen seit Studienbeginn, dass es für Ihr Exotenfach keinen Arbeitgeber gibt.

- Sie sind sich nicht sicher, ob Ihre zur Zeit auf dem Arbeitsmarkt gefragte Studienrichtung auch noch gesucht sein wird, wenn Sie Ihr Studium abgeschlossen haben.
- Sie sind für die Nachfolge eines Familienunternehmens vorgesehen und zweifeln, ob Sie das überhaupt wollen und ob Sie dafür wirklich geeignet sind.
- Sie sind Chefin eines kleinen Familienunternehmens und in absehbarer Zeit wird Ihnen die Geschäftsgrundlage wegbrechen, weil sich Ihr Produktprogramm verselbständigt.
- Sie werden Ihren erlernten Beruf mit hoher Wahrscheinlichkeit nicht bis zum Ende Ihrer Berufslaufbahn ausüben und müssen sich deshalb immer wieder neu erfinden.
- Sie überleben das Ende Ihrer aktiven Laufbahn mit ziemlicher Sicherheit um viele Jahre und wollen Ihre Karriere nach der Karriere sinnvoll gestalten.
- Es geht Ihnen beruflich rundherum gut und Sie wollen dafür sorgen, dass es so bleibt.

Wie Sie zum Plan B kommen und
was dabei passiert

Versprochen ist versprochen

Jetzt ist Schluss mit alternativlos. Hier geht es zum Plan B. Sobald Sie den haben, wird Ihre Situation komfortabel: Sie können, wenn Sie wollen oder müssen. Das bedeutet Selbstwirksamkeit, freut Ihr Selbstwertgefühl und tut Ihrer Identität gut. Gehen Sie auf die Reise zu sich selbst. Geben Sie Ihrem beruflichen Dasein neuen Schwung und eine neue Richtung. Erkunden Sie Ihre Chancen. Finden Sie Antworten auf Ihre Fragen. Ersetzen Sie diffuse Zukunftsängste durch eine konkrete Planung. Schließlich meistern Sie eine drohende Krise am besten, wenn Sie ihr zuvorkommen.

Garantieausschluss

Dieses Buch liefert Ihnen keinen »Traumjob in fünf Tagen«. Es befördert Langzeitarbeitslose nicht automatisch in eine Dauerbeschäftigung. Sie werden nicht gleich aus zehn Jobangeboten das beste auswählen können, vor allem, wenn Sie über 50 sind. Das Buch ist eine Therapie für Gesunde. Es will vor dem Ausbrennen bewahren. Es kann aber Ausgebrannten nicht die Leistungsfähigkeit und Arbeitsfreude wieder herzaubern, sondern sie höchstens dabei unterstützen.

Risiken

Durch die Beschäftigung mit sich selbst kann ein berufliches Unbehagen in offene Unzufriedenheit umschlagen. Haben Sie bisher Probleme mit Denkverboten »gedeckelt«, dann könnte durch Nachdenken der Kessel unter Druck geraten und der Deckel wegfliegen. Wenn Sie gar »den Bettel« hinschmeißen, bevor Ihr Plan B steht, wäre dieses Ende mit Schrecken zwar unvernünftig, aber vielleicht gar nicht die schlechteste Lösung. Weil Ihnen dann nichts anderes übrig bleibt.

Nebenwirkungen

Möglicherweise stoßen Sie bei der Suche nach Ihrem Plan B zufällig auf einen Plan C. Dann hat der Serendipity-Effekt zugeschlagen und damit können Sie auch leben. Am Ende des Buches erfahren Sie, was es damit auf sich hat.

Hauptwirkungen

Sie machen weiter wie bisher, aber unängstlicher. Schließlich liegt Ihr Plan B in der Schublade. Für alle Fälle. Das ist die erste Alternative.

Sie machen etwas anders weiter als bisher. Bereichern Ihren Plan A durch Erkenntnisse aus Ihrer Arbeit am Plan B. Oder leben einiges, was bisher zu kurz gekommen ist, in einem Hobby aus. Das ist die zweite Alternative.

Sie machen bis auf Weiteres so weiter wie bisher. Nebenbei bringen Sie Ihren Plan B in Stellung, vielleicht als Nebentätigkeit, aus der irgendwann die Haupttätigkeit wird. Das ist die dritte Alternative.

Eigentlich wollen Sie eine der drei Alternativen fahren. Aber plötzlich stürzt Ihr Plan A ab. Sie müssen ganz schnell etwas Neues aus dem Hut zaubern und dazu Ihren Plan B aus der Schublade ziehen und realisieren. Das ist die vierte Alternative.

Ist Ihnen das gelungen, brauchen Sie für die leere Schublade wieder einen neuen Plan B. Das dürfte Ihnen nicht schwer fallen, die Basis steht, schließlich haben Sie Ihre Hausaufgaben erledigt. Vielleicht hat Ihnen auch der Zufall oder der Serendipity-Effekt einen Plan C beschert, den Sie jetzt zu Ihrem neuen Plan B erklären. Das ist die fünfte Alternative.

Von wegen alternativlos!

Wer sind Sie überhaupt und wenn ja, wie viele?

Ihr Beruf spielt in Ihrem Leben eine zentrale Rolle. Sie selbst spielen im beruflichen und privaten Leben viele Rollen. Hier erfahren Sie, was Ihre Identität ausmacht, wovon Ihr Selbstwertgefühl abhängt und warum es ohne Alternativen keine Selbstwirksamkeit gibt. Jetzt wird klar, was passiert, wenn der Beruf »wackelt«, und welche Konsequenzen Sie daraus ziehen müssen.

Was fragen Sie,
nachdem Sie Guten Tag gesagt haben?

»Und was machen Sie beruflich?« ist die Mutter aller Partyfragen. Damit punkten Sie auf öffentlichen und privaten Veranstaltungen, wenn Sie einen unbekannten Menschen kennen lernen wollen. Die Frage bestimmt den weiteren Gesprächsverlauf. Die darauffolgende Antwort liefert den Einstieg in ein abendfüllendes Gespräch und markiert vielleicht den Beginn einer wunderbaren Beziehung. Oder Ihr Gegenüber dreht sich beleidigt um. Er hält sich für prominent und Sie hätten das mitbekommen sollen. Normalerweise wird es aber nicht peinlich, sondern Sie rennen mit dieser Frage bei unbekannten Gesprächspartnern offene Türen ein. Der Gefragte stellt sich bereitwillig vor und sagt, was er so treibt. »Und was machen Sie?«, ist seine Gegenfrage, wenn er die einschlägigen Small-Talk-Grundregeln beherrscht. Jetzt wissen beide, mit wem sie es zu tun haben, und das Gespräch wird interessant. Oder es ist zu Ende, bevor es richtig angefangen hat, weil Ihnen plötzlich einfällt, dass Sie vergessen haben, Ihr Auto abzuschließen. Schließlich wollen Sie sich als Arzt nicht auf jeder Party Krankheitsgeschichten anhören. Ein Jurist findet es auch nicht besonders prickelnd, wenn er sich auf jeder Vernissage für den ätzenden Vorwurf »Wie können Sie nur so einen verteidigen!« rechtfertigen soll. Und seinen Standardspruch »Mutter Teresa braucht keinen Strafverteidiger« kann er bald selbst nicht mehr hören. Die Lehrerin will auch nicht jedem erklären, dass sie weder ein Zweithaus in Ligurien besitzt noch dort das halbe Jahr ihre Ferien verbringt. Die Lektorin will nicht immer Interesse heucheln für Manuskripte über bescheuerte Themen, die jeder Dritte im Kopf oder in der Schublade hat. Und könnte der Bankangestellte den »todsicheren Aktientipp« liefern, den jeder von ihm haben will, dann hätte er sich nicht als Bankmitarbeiter, sondern als Neureicher vorgestellt.

Der Beruf: Alles oder nichts

Von unserer Antwort auf die Frage nach unserer Beschäftigung
– oft die erste Klippe im Gespräch mit neuen Bekannten –
hängt ab, wie man uns fortan begegnen wird.

Alain de Botton

Genau genommen ist die Frage »Was machen Sie beruflich?« der Auftakt zu einem kleinen Konkurrenzkampf. Seien Sie ehrlich. Eigentlich interessiert Sie überhaupt nicht, was der andere macht. Sie wollen wissen, was er für einer ist. »Wer sind Sie?« wäre deshalb die richtige Frage. Aber auch die ist unecht. In Wahrheit wollen Sie gar nichts über den anderen erfahren, sondern etwas über sich selbst. Das »Wer sind Sie?« soll eine Antwort auf die spannende Frage »Wer bin ich?« bringen. Wenn Sie allein auf der Welt wären, gäbe es auf die Frage »Wer bin ich?« keine Antwort. Wie clever Sie sind, wissen Sie erst, wenn Ihnen ein Klügerer oder ein Dümmerer über den Weg gelaufen ist. Jeder Mensch, den Sie kennen lernen, trägt zu Ihrer Selbsterkenntnis bei. Weil er Ihnen einen neuen Vergleichsmaßstab liefert. Sie messen sich an ihm und prüfen, wie Sie sich von ihm unterscheiden. Sie reiben sich an ihm und überlegen, was in Ihrem Leben anders gelaufen ist als bei ihm. Nach jedem Kennenlernen wissen Sie einiges über den anderen und ein bisschen mehr über sich selbst.

Manche Leute drängen Ihnen, nachdem sie »Guten Tag« gesagt haben, ungefragt gleich die ganze Lebensgeschichte auf. Sie können dann zwar einschätzen, ob es Ihnen besser oder schlechter geht. Aber dieser biographische Überfall ist in einer frühen Phase der Bekanntschaft eher unangebracht. Obwohl es interessant wäre, wird man beim ersten Kontakt auch nicht gleich die Intelligenzquotienten austauschen, seine Vermögensverhältnisse offenlegen oder sich gegenseitig erzählen, wie glücklich man ist oder wie viel Macht und Einfluss man auf seine Mitmenschen ausübt. Zum Glück gibt es den Beruf als unverfänglichen, aber genialen Gesprächsauftakt. Der Beruf liefert eine Kostprobe der Persönlichkeit. Mit einem Schlag wissen wir zwar nicht alles, aber vieles über den Anderen. Von seinem Beruf schließen wir auf seine

Intelligenz, sein Durchhaltevermögen, seine Vermögensverhältnisse, seinen Einfluss, seine Lebensumstände. Und liegen meistens ziemlich richtig.

»Was machen Sie beruflich?«»Ich bin bei der örtlichen Arbeitsagentur beschäftigt.«»Als Jobvermittler?«»Nein, als Arbeitgeber! Ich sichere den Arbeitsplatz des Jobvermittlers.«

Die Rolle: Balance oder Konflikt

Die ganze Welt ist eine Bühne.

William Shakespeare

Begegnen sich zwei, öffnet sich der Vorhang. Wir alle spielen Theater. Zuerst steht der eine auf der Bühne, spielt seine Rolle und zeigt, was er draufhat. Anschließend wechselt er in die Zuschauerrolle und der andere hat seinen Auftritt. Wie alle Schauspieler haben wir mehrere Rollen im Repertoire, aber jeder hat eine Lieblingsrolle. Bei Premieren spielen wir am liebsten unsere Berufsrolle. Die liegt uns, damit stehen wir gern im Rampenlicht. Mit dieser Paraderolle beeindrucken wir den Zuschauer.

Selbst wenn Sie das »beruflich« weglassen und Ihren Bühnenkollegen ganz neutral fragen: »Was machen Sie?«, gibt der trotzdem die Berufsrolle. Nur ausnahmsweise wird jemand antworten: »Ich habe viel Mühe, ich bereite meinen nächsten Irrtum vor.« Und wenn Sie nachfragen, was er so mühselig vorbereitet, wird es sich bestimmt um keine private, sondern um eine berufliche Fehlentscheidung handeln. Kaum jemand wird antworten: »Ich versuche seit zwanzig Jahren ohne Erfolg, meinen Beruf und mein Privatleben unter einen Hut zu bringen.« Oder: »Ich mache alles Mögliche, Köchin, Krankenschwester, Nachhilfelehrerin, Taxifahrerin, Einkäuferin, Eventmanagerin, um nur meine wichtigsten Jobs zu nennen.« Oder: »Ich bin in der Altenbetreuung engagiert, komme gerade aus dem Altersheim und habe dort meine 96-jährige Mutter besucht.« Oder: »Ich liege seit drei Wochen mit meiner 13-jährigen Tochter im Clinch, weil die ohne Tattoo nicht weiterleben will.«

Was macht eine Rolle aus? Wie spielen wir sie richtig? Sie entsteht durch Erwartungen an den Rolleninhaber. Wenn wir diese Erwartungen erfüllen, liefern wir eine gelungene Vorstellung ab. Woher kommen die Erwartungen? Vom Publikum und von uns selbst. Menschen, die mit uns in Kontakt stehen, erwarten von uns ganz bestimmte Handlungen und Verhaltensweisen. Erfüllen wir die, sind sie mit uns zufrieden. Wenn nicht, lassen sie es uns merken. Erwartungen kommen aber auch von innen. Einstellungen und Werthaltungen leiten das Verhalten und bestimmen, wie ein Chef seine Mitarbeiter behandelt oder wie eine gute Mutter oder ein guter Vater mit den Kindern umgeht. Weil wir nicht nur eine Rolle im Leben spielen, sind Rollenkonflikte vorprogrammiert. Alle wollen zum Beispiel Ihre Zeit. Der Chef erwartet, dass Sie viel Zeit und Kraft in die Arbeit investieren. Ihr Partner möchte, dass Sie viel Zeit mit ihm teilen. Und Kinder im entsprechenden Alter würden gern einen großen Teil ihrer wachen Zeit mit Papi oder Mami verbringen. Der arme Rolleninhaber mit seinem endlichen Zeitbudget soll es allen recht machen und fragt sich irgendwann: Wo bleibe eigentlich ich selbst?

Wir besitzen einen ganzen Rollenhaushalt, aber unsere Berufsrolle spielt sich gern zum Haushaltsvorstand auf und setzt Erwartungen in die Welt, denen wir gerecht werden sollen. Die berufliche Rolle ist oft auch klarer definiert, da gibt es Stellenbeschreibungen und festgelegte Arbeitszeiten. Und die Sanktionen, wenn wir die Erwartungen nicht erfüllen, sind direkter und gravierender. Erfülle ich private Erwartungen nicht, wirkt sich das eher längerfristig negativ aus. Die privaten Rollen sind da nicht so festgelegt und ziehen den Kürzeren. Die Erwartungen, die Partner, Kinder, Eltern, Freunde an uns haben, werden enttäuscht. Unser soziales Umfeld lässt sich das aber auf Dauer nicht gefallen. Die privaten Rollen erklären der Berufsrolle den Krieg und am Schluss humpeln lauter Verlierer vom Schlachtfeld.

Neben den verschiedenen Rollen, die wir im Beruf als Kollege, Chef, Mitarbeiter, Kunde spielen oder im Privatleben als Partner, Mutter, Vater, Kind, Verwandter, Freund, Vereinskollege, und die wir irgendwie alle unter einen Hut bringen sollen, gibt es noch die wichtige Rolle des Ichs. »Erstaunlicherweise wird oft in stressigen Zeiten nicht nur das Privatleben vergessen, sondern auch große und wichtige Bereiche des Ichs und des Körpers. Selbstsorge und Selbstpflege sollten an erster Stelle stehen. Denn wenn die psychosomatische Selbststeuerung versagt, geht auch beruflich nichts mehr« (Richter, 2010, S. 135).

Sie sehen, es ist eigentlich ein Ding der Unmöglichkeit, alle Erwartungen unserer Mitmenschen zu erfüllen und es uns selbst auch noch recht zu machen. Aber das ist noch nicht alles. Die berufliche Rolle kann in sich konflikthaft sein. Wir sollen etwas tun, was sich mit unseren Überzeugungen nicht vereinbaren lässt. Finanzprodukte an die Frau oder den Mann bringen, von denen wir selbst nicht überzeugt sind. Von uns werden Leistungen erwartet, obwohl man unsere Rolle nicht mit den dazu erforderlichen Ressourcen ausgestattet hat. Wir sollen mutig Entscheidungen treffen, bekommen aber die dazu nötigen Kompetenzen nicht zugebilligt. Manche werden zwischen unvereinbaren Erwartungen zerrieben und das ist eine entscheidende Ursache für berufliche Unzufriedenheit und Stress.

Sagt der Manager am späten Nachmittag zu seiner Assistentin: »Wenn ich heute rechtzeitig rauskomme, gibt es Theater im Theater. Wenn nicht, gibt es Theater zuhause.«

Der Status: Somebody oder nobody

Dass wir unserem Platz in der sozialen Rangordnung
eine solche Bedeutung beimessen, hat damit zu tun,
dass wir unser Selbstbild in starkem Maße vom Urteil
anderer abhängig machen.

Alain de Botton

Wir versuchen unser Bestes zu geben, als Berufsschauspieler auf
der professionellen Bühne und nach Feierabend als Laiendarstel-
ler in unserem heimischen Familientheater. Außerdem flanieren
wir über den Jahrmarkt der Eitelkeiten. Tragen dort sozusagen
unsere Haut in Form unseres Berufes zu Markte. Unsere berufliche Rolle bestimmt die Wertschätzung, die wir bei unseren Mitmenschen genießen, und markiert, wo wir auf der sozialen Rangordnung angesiedelt sind, welchen Status wir haben. Von unserem
Status hängt ab, was wir uns erlauben können, was wir uns anderen gegenüber herausnehmen dürfen, wie wir uns zu benehmen
haben. Was wir in den Augen der anderen wert sind, erkennen wir
in bewundernden Blicken. Diese Anerkennung wollen wir haben
und ungern wieder verlieren. Ein hoher Status ist erstrebenswert,
ein niedriger Status ist dagegen übel. »Ein hoher Status hat seine
Vorzüge: Man genießt Freiheiten, Muße, Komfort und – wichtiger
noch vielleicht –, man erfreut sich allgemeiner Wertschätzung und
Zuwendung, was sich in allerlei Aufmerksamkeiten äußert, auch
in Schmeicheleien, Einladungen, Ergebenheiten, Beachtung und
anerkennenden Lachern (selbst wenn der Witz ein lahmer ist)«
(de Botton, 2004, S. 7). Auf den bekannten Ranglisten des Be-
rufsprestiges kann man sich einordnen. Ärzte, Pfarrer und Lehrer kommen dort regelmäßig gut weg, Gebrauchtwagenhändler,
Staubsaugervertreter und Politiker schlecht.

Früher war nicht alles besser, aber manches einfacher. Der Status war statisch. Er war für alle ab der Geburt genau und unverän-
derlich festgelegt. Im Gegensatz zur ständischen Gesellschaft von
früher ist der Status heute veränderbar. Nicht unsere Geburt ist für
unser künftiges Schicksal maßgebend, sondern wir selbst sind dafür verantwortlich, was aus uns wird. Wie viele Meriten wir uns

erwerben, hängt von unserer eigenen Anstrengung ab. Aufstieg ist möglich, wir haben es in der Hand, das spornt an. Möglich ist aber auch der Abstieg. Passiert das, sind wir selbst daran schuld, und das bereitet Angst. Wir fürchten nichts mehr als das Scheitern und Sinken in der sozialen Rangordnung. »Insgesamt hat die Meritokratie die Sockel traditioneller Gesellschaftsklassen aufgeweicht und wir befinden uns im Treibsand des lebenslangen Wettbewerbs um Rang und Ansehen – im permanenten Statusstress« (Egli u. Gremaud, 2008, S. 1). Für die amerikanische Soziologin Barbara Ehrenreich ist »the fear of falling« die diffuse und jederzeit ins Panische umschlagende Angst der Mittelschicht, ihre mühsam erworbene Position wieder zu verlieren.

Über die Statusangst hat Alain de Botton ein ganzes Buch geschrieben. Für ihn ist die Fixierung auf den ökonomisch begründeten Status der Inbegriff der Lebensverfehlung. Er meint, wir messen unserem Platz in der sozialen Rangordnung deshalb eine so große Bedeutung zu, weil wir unser Selbstbild stark vom Urteil anderer abhängig machen. Seine Ratschläge, wie wir Statusangst vermeiden können, sind allerdings nicht besonders prickelnd. Wir sollen lernen, die emotionalen Glückserlebnisse den materiellen vorzuziehen. Und sollen über unsere kosmische Bedeutungslosigkeit nachdenken: »Im Angesicht der Ewigkeit schrumpft das, was uns umtreibt, zur Bedeutungslosigkeit« (de Botton, 2004, S. 264).

Sagt einer von den hinteren Rängen der Prestigeskala zum anderen: »Und was machen Sie beruflich?« »Ich bin Staubsaugervertreter. Ich verkaufe Staubsauger.« »Und Sie?« »Ich bin Volksvertreter.«

Die Identität: Stabil oder labil

Ich bin zu der Überzeugung gelangt,
dass das Leben im Grund eine Suche
nach der eigenen Identität ist.

Charles Handy

Wir suchen nach einer Antwort auf die Frage: Wer bin ich? Der Zwischenbescheid lautet: Ich bin mein Beruf! Der spielt in meinem Leben die Hauptrolle. Der verleiht mir einen Rang und gibt mir eine Bedeutung. Einen Teil unserer Identität gewinnen wir aus der Auseinandersetzung mit unseren Mitmenschen und deren Erwartungen und aus dem sozialen Vergleich. Das ist aber nicht alles. Sonst wären wir nur das, was andere aus uns machen. Einen anderen Teil unserer Identität erfahren wir aus der Auseinandersetzung mit unserer Innenwelt. Das ist unser Selbstbewusstsein, unsere Vorstellung von uns selbst. Wir sind uns unserer Person bewusst, durchschauen Zusammenhänge, bilden uns ein eigenes Urteil, können auf Distanz zu uns selbst und den Dingen gehen, können über die Dinge und uns selbst nachdenken und auf die Dinge und auf uns selbst einwirken (Schmid, 1999, S. 86). So gesehen ist die berufliche Identität nur ein Teil der persönlichen Identität. Sie wird aber häufig einseitig überbewertet. Der Beruf ist das maßgebliche Identitätskriterium, er dient als »Identitätsschablone«, mit der wir uns der Umwelt präsentieren und andere Menschen taxieren (Buer u. Schmidt-Lellek, 2008, S. 209). Woher diese Überbewertung kommt, wird klar, wenn wir uns die fünf Säulen anschauen, auf denen die Identität beruht (vgl. Abbildung 1).[1]

Arbeit und Leistung machen nur eine Säule aus, aber auch alle anderen vier Säulen haben etwas mit dem Beruf zu tun. Der Beruf garantiert die materielle Sicherheit, verleiht dem Leben mindestens einen Teil des Sinns. Ein großer Teil der sozialen Beziehungen läuft über den Beruf, er stiftet zwischenmenschliche Kontakte und kann sie behindern. Für viele Berufe spielt die körperliche Leistungsfähigkeit eine Rolle und umgekehrt gibt es Berufskrankheiten, die Arbeit wirkt sich auf die Gesundheit aus.

Arbeit, Leistung	materielle Sicherheit	Werte, Sinn	soziales Netzwerk	Leiblichkeit
Ausbildung	gesichertes	Ideale	Beziehungs-	Aussehen
Kompetenz	Einkommen	Spiritualität	systeme	Körpergefühl
Karriere	Nahrung	Welt-	Familie	Gesundheit
Engagement	Kleidung	anschauung	Freunde	Gewalt-
Arbeits-	Wohnung	Religion	Kollegen	erfahrungen
zufriedenheit	medizinische		Nachbar-	Trauma-
Herausforde-	Versorgung		schaft	tisierungen
rung			Vereins-	Missbrauch
			kameraden	

Abbildung 1: Die fünf Säulen der Identität

Knickt eine Säule weg, ist die Identität gefährdet. Wie stark, hängt davon ab, ob die anderen Säulen stabil genug sind, um die weggeknickte Säule ersetzen zu können.

Die Identität kann man sich als Zwiebel mit Kern und drei Schalen vorstellen:

1. Das *Selbstkonzept*, ein Identitätskern, der von anderen nicht wahrgenommen wird: »Wer bin ich? Wie kann ich mich selbst verstehen, was gehört zu mir und was nicht?« Diese innere, private Identität resultiert aus der Selbstbeobachtung und verändert sich kaum. »Jeder Mensch, nicht nur der Schriftsteller, erfindet seine Geschichten – nur dass er sie, im Gegensatz zum Schriftsteller, für sein Leben hält«, weiß Max Frisch (zitiert nach Leinemann, 2009, S. 35).

2. Das *Selbstbewusstsein*, die individuelle Identität. Resultiert aus dem sozialen Vergleich: »Wie bin ich, wie einzigartig bin ich im Vergleich zu den anderen? Was kann ich, was andere nicht können?« Hier gebe ich mir eher selbst eine Antwort auf die Frage nach meinem Wert, orientiere mich dabei natürlich auch an Rückmeldungen durch die Umwelt. Diesen Teil der Identität nehmen auch andere wahr und er ist veränderbar.

3. Das *Geltungsbewusstsein*, die soziale Identität. Die Umwelt beantwortet die Frage nach meinem Wert: »Was bin ich? Was bin

ich wert? Was gelte ich und was darf ich mir herausnehmen?«
Mit diesem dynamischen Teil der Identität stehen wir auf dem
Marktplatz und bekommen unseren Status verliehen. Was andere von uns halten, bestimmt entscheidend mit, wie wir uns
selbst sehen. »Das Urteil der anderen hält unser Selbstbild am
Gängelband. Lachen sie über unsere Witze, wird unsere Überzeugung, witzig zu sein, gestärkt. Loben sie uns, entwickeln wir
den Glauben, große Verdienste errungen zu haben. Doch blicken sie bei unserem Eintreten zur Seite oder begegnen uns
mit Ungeduld, kaum dass wir unseren Beruf nennen, könnten
uns Selbstzweifel oder Minderwertigkeitsgefühle befallen« (de
Botton, 2004, S. 19).

4. Das *Sendungsbewusstsein*, die Sinnidentität: »Wozu bin ich?
Was kann ich in der Welt bewirken, was hinterlassen?« Menschen mit einem ausgeprägten Sendungsbewusstsein können
die Welt weiterbringen. Aber nicht, wenn das Sendungsbewusstsein vorgeschoben ist und egoistischen Motiven dient.
Soll in Wahrheit nicht die Menschheit beglückt, sondern das
eigene, krankhafte Geltungsbedürfnis befriedigt werden, haben
wir es mit einem durchgeknallten Sendungsbewusstsein zu tun.
Das nennen wir Größenwahn.

Unser Selbstwertgefühl speist sich aus allen vier Identitätstei-
len. Zwischen den Menschen gibt es aber einen wichtigen Unterschied: Manche lieben eher den äußeren Schein und andere eher
das innere Sein. Der Soziologe Doehlemann (1996) nennt die
einen »Statussucher«. Das sind die außengeleiteten Typen, die ihre
Identität stark aus dem äußeren Sein, aus dem öffentlichen Gelten beziehen. Die Statussucher, man könnte sie auch Geltungs-
streber nennen, definieren sich über die Rückmeldungen der anderen, führen ein »statushungriges Leben«. Die anderen sind die
»Sinnsucher«, die innengeleiteten Typen. Die stützen ihre Identität und ihre Selbstachtung weniger auf Status und äußeren Erfolg, sondern auf ihren Identitätskern. Ihnen ist die innere Stim-
migkeit und Unabhängigkeit wichtig. »Keine Frage, alle Menschen
bedürfen zur Selbstvergewisserung und zur Pflege des Selbstwertgefühls des Spiegels der anderen Menschen, aber die einen
schauen […] andauernd in den antwortenden Spiegel und die an-

deren eher nur beiläufig. Sie sehen sich mehr auf ihrem inneren Territorium um« (Doehlemann, 1996, S. 50). Dort mögen sie keine Widersprüche zwischen eigenen Überzeugungen und beruflichem Handeln.

> Sagt der Jungmanager zur Kollegin im Hosenanzug: »Sie sehen fast wie ein Mann aus!« »Sie auch!«

Das Selbstwertgefühl:
Größenwahn oder Minderwertigkeitskomplex

Ein gesundes und stabiles Selbstwertgefühl
kann nur von innen heraus
und unabhängig vom Erreichten kommen.

Rolf Merkle

Der Selbstwert ist der Wert, den man sich selbst zuschreibt. Das Selbstwertgefühl entwickeln wir auf der Grundlage unserer Identität. Es ist nach Wilhelm Schmid ein Bewusstsein der eigenen Würde, Unabhängigkeit und Verantwortlichkeit und die Basis für das Denken, Fühlen und Handeln (1999, S. 86). Ein stabiles Selbstwertgefühl lässt uns selbstsicher auftreten. Misserfolge oder Kränkungen bringen uns nicht aus dem Gleichgewicht. Glauben wir an uns selbst, suchen wir nach Herausforderungen und versetzen Berge.

Nathaniel Branden (2006) liefert mit seinen sechs Säulen des Selbstwertgefühls eine Leitlinie für das bewusste Denken, Fühlen und Handeln:

1. Bewusst leben, sich seiner Handlungen, Absichten, Gefühle und Werte bewusst sein, nichts verdrängen, die Realität erkennen und akzeptieren.
2. Sich selbst annehmen, nicht in einem feindschaftlichen Verhältnis zu sich selbst stehen.
3. Eigenverantwortlich leben, sich von der Überzeugung leiten lassen, dass man sein Leben selbst kontrolliert und steuert.
4. Sich selbstsicher behaupten, nicht anderen gefallen wollen, sondern den eigenen Überzeugungen und Werten treu bleiben.
5. Zielgerichtet leben, sich Ziele setzen und die eigenen Fähigkeiten nutzen, um diese zu erreichen.
6. Integer und authentisch sein, sich in Worten und Taten an eigenen Wertvorstellungen orientieren, auch wenn das teilweise unbequem ist.

Einen großen Teil der positiven und negativen Einflüsse auf den Selbstwert beziehen wir aus dem Beruf, aber, wie vorher aufgezeigt, aus unterschiedlichen Quellen. Der innengeleitete Sinnsucher ist mit sich zufrieden, wenn er sich in einer sinnvollen Tätigkeit verwirklichen kann und es ihm die Arbeit erlaubt, seine Werte zu befriedigen. Wenn er nicht gezwungen ist, etwas zu tun, was gegen seine Überzeugungen verstößt. Der außengeleitete Statussucher ist bei seiner Selbstbewertung stark abhängig von den Einschätzungen und Rückmeldungen seiner »Prestigezuerkenner« oder »Prestigeaberkenner«. Damit ist das Selbstwertgefühl des Außengeleiteten bei beruflichem Misserfolg stärker gefährdet als beim Innengeleiteten. Es bleibt aber bei beiden Typen eher stabil, wenn der Jobverlust der allgemeinen Wirtschaftsentwicklung zugeschrieben wird und nicht dem eigenen Ungenügen (Frey u. Frey Marti, 2010, S. 70). Das entspricht unserer Tendenz, für Erfolge gern selbst verantwortlich zu sein und Misserfolge eher den Umständen oder anderen Menschen in die Schuhe zu schieben. Die externe Ursachenzuschreibung ist weniger belastend und selbstwertdienlicher, sie erspart uns Selbstvorwürfe und wir kommen um eine Selbstverurteilung herum. Insgesamt ist aber der statushungrige Geltungssucher noch etwas mehr als der innengeleitete Sinnsucher darauf angewiesen, für Fehlschläge und Misserfolge andere verantwortlich zu machen. Statussucher sind Meister der Verdrängung und suchen die Schuld für das eigene Scheitern grundsätzlich bei anderen. Die in sich ruhenden Sinnsucher halten es eher aus, sich die Ursachen für Fehlschläge selbst zuzuschreiben, sie haben ein stabileres Selbstwertgefühl.

Sagt der Chef zur Auszubildenden: »Morgen melden wir Konkurs an, damit du das auch einmal lernst!«

Selbstwirksamkeit:
Handlungsfähig oder ohnmächtig

Es gibt kaum hoffnungslose Situationen,
solange man sie nicht also solche akzeptiert.

Willy Brandt

»Wir beziehen grundsätzlich ein gutes Selbstwertgefühl aus unserer Erfahrung, dass wir etwas bewirken können in der Welt«, weiß die Psychotherapeutin Verena Kast (2004, S. 28). Menschen mit hoher Selbstwirksamkeitserwartung (Richter, 2010, S. 318)
– glauben, dass sie etwas bewirken und auch schwierige Situationen bewältigen können.
– sind optimistisch und fühlen sich Anforderungen und Herausforderungen gewachsen.
– fühlen sich leistungsstark.
– reagieren weniger ängstlich.
– bleiben auch in belastenden Situationen gelassen und mildern damit negative Stresseinflüsse.
– verlieren seltener die Hoffnung.
– besitzen ein größeres Durchhaltevermögen.
– trauen sich mehr zu und erreichen dann auch mehr als Menschen mit geringer Selbstwirksamkeitserwartung.

Menschen mit einer niedrigen Selbstwirksamkeitserwartung
– sind überzeugt, dass man mit seinen Fähigkeiten und seinem Verhalten nicht viel bewegen kann.
– fühlen sich eher als Opfer, weil sie glauben, das Leben werde vom Schicksal, von anderen Personen oder äußeren Umständen bestimmt.
– geben bei Schwierigkeiten und Problemen schnell auf.
– brauchen viel Zeit und Energie zur Selbststabilisierung.
– trauen sich nichts zu und wagen sich gar nicht an bestimmte Aufgaben und Herausforderungen heran.
– müssen sich selbst viel mehr Mut machen, ehe sie schwierige Aufgaben anpacken.

Selbstwirksamkeit trägt zur Stressresistenz bei. Kritische Situationen führen erst dann zu Stress, wenn Gefühle von Hilflosigkeit und Ohnmacht aufkommen, weil man keine Möglichkeit sieht, Einfluss auf das Geschehen zu nehmen. »Von ihrer Selbstwirksamkeit überzeugte Menschen vertrauen auf ihre eigenen Fähigkeiten und Einflussmöglichkeiten. Sie sind dadurch stressresistenter, leistungsfähiger und gesünder als weniger von sich überzeugte Personen« (Nuber, 2002, S. 22). Übrigens müssen die Einflussmöglichkeiten gar nicht objektiv vorhanden sein. Für die Stressreduzierung reicht es, wenn wir uns die Bewältigungsmöglichkeiten einbilden: »Wenn Menschen Situationen als real definieren, dann sind diese in ihren Folgen real, weil die Menschen sich gemäß ihrer Definitionen und Deutungen verhalten«, weiß der amerikanische Soziologe William I. Thomas (zitiert nach Doehlemann, 1996, S. 66).

Selbstwirksamkeitserwartungen nach dem Motto »Das schaffe ich schon« sind gelernte Einstellungen. Deshalb kann man sie auch stärken und verändern. Nach Ansicht des Psychologen Albert Bandura beeinflussen vier Faktoren die Selbstwirksamkeit (Bandura, 1997):

1. *Meistern schwieriger Situationen.* Das stärkt den Glauben an die eigenen Fähigkeiten und man traut sich auch in Zukunft mehr zu. Umgekehrt meidet man bei Misserfolg in Zukunft Situationen, die man nicht bewältigen konnte. Menschen mit hoher Selbstwirksamkeitserwartung zeigen bei Rückschlägen eine höhere Frustrationstoleranz. Leute mit geringem Gefühl der Selbstwirksamkeit schreiben Misserfolge eher der eigenen Unfähigkeit zu und geben auf.

2. *Beobachtung von Vorbildern.* Man lernt am Modell und traut sich selbst auch mehr zu, wenn man beobachtet, wie andere Menschen Aufgaben erfolgreich hinbekommen.

3. *Soziale Unterstützung.* Es wirkt sich positiv aus, wenn andere erstens nichts Unrealistisches von uns erwarten und zweitens an uns glauben.

4. *Physiologische Reaktionen.* In schwierigen Situationen lösen Anspannung und Angst Stressreaktionen aus: Herzklopfen, Schweißausbrüche, Händezittern. Gelingt es, solche Reaktionen abzubauen, geht man entspannter an Herausforderungen heran und meistert sie eher.

Alles hängt mit allem zusammen und der Beruf spielt eine Schlüsselrolle. Wir definieren unsere Identität zum großen Teil über den Beruf: Ich bin mein Beruf! Eine stabile Identität ist die Voraussetzung für das Selbstwertgefühl. Das Selbstwertgefühl lebt von der Selbstwirksamkeit. Selbstwirksamkeit gibt es nur, wenn es Alternativen gibt. Aus dieser Gemengelage leiten sich einige Folgerungen ab.

Erstens müssen wir über den Stellenwert unserer Berufsrolle nachdenken, bevor uns etwas aus unserem gewohnten Leben reißt. »Während ich über mich und meine geschrumpfte Rolle im Leben grübelte, wurde mir klar, dass mein Selbstbild nahezu vollständig durch meinen Beruf geprägt war«, stellt der »Spiegel«-Reporter Jürgen Leinemann fest, nachdem ihn eine Krebserkrankung aus der Bahn geworfen hatte (2009, S. 35). Wie stabil sind die anderen Säulen unserer Identität, wenn die berufliche wegknickt? Hat der Beruf unsere privaten Rollen an die Wand gedrückt und fehlt uns die Unterstützung, wenn wir darauf angewiesen sind? Haben wir zu wenig in unsere Stressresistenz und gegen das Ausbrennen investiert? Gibt einzig der Beruf unserem Leben Sinn und was ist, wenn die berufliche Säule der Identität wackelt oder einstürzt? Im nächsten Kapitel beschäftigen wir uns mit den möglichen Krisen, denen wir in unserem Beruf ausgesetzt sind, und wie wir damit umgehen können und sollen.

Zweitens hat sich herausgestellt, dass wir das, was wir sind, zum großen Teil aus dem Vergleich ableiten. Unser Status ist ein Teil unserer Identität und der Status entsteht aus dem Vergleich. Wie stabil ist der nicht auf den Vergleich angewiesene Kern unserer Identität? Wird unser Selbstwertgefühl möglicherweise durch einen »kranken« Vergleich gestützt? »Da wir das gute Selbstwertgefühl auch aus dem sozialen Vergleich beziehen, kommen wir besser weg, wenn der andere Mensch ein schlechteres Selbstwertgefühl mit allen daraus sich ergebenden Folgen hat« (Kast, 2004, S. 28). Im übernächsten Hauptkapitel (»Was Ihr Kopf mit Ihnen anstellt und wie Sie das ändern«) beschäftigen wir uns mit dem »Terror des Vergleichs«, wie wir uns dem entziehen und wie wir dadurch das Feld für die Suche von Alternativen erweitern. Ein Lebenskünstler vergleicht sich mit den richtigen Leuten!

Findet nur ein Teil oder die ganze Welt in unserem Kopf statt? Auf jeden Fall lohnt es sich, wenn wir uns damit befassen, was in beruflicher Hinsicht in unserem Kopf vorgeht. Auch das ist Teil des übernächsten Kapitels. Zwei Richtungen sind für uns interessant. Einmal hat schon Wilhelm Busch herausgefunden, dass manches nur in unseren Ängsten stattfindet, nicht aber in der Realität. Außerdem haben wir bei der Selbstwirksamkeit gesehen, dass die eingebildete Alternative auch wirkt, es muss keine tatsächliche sein. Egal wie stark der Beruf Ihr Leben dominiert und wie sicher oder unsicher Sie auf Ihrem beruflichen Standbein stehen, auf einem Bein steht es sich auf Dauer schlecht. Ihr Selbstwertgefühl verträgt keine alternativlose Selbstunwirksamkeit. Es braucht einen Plan B.

Sagt der Meister zum Auszubildenden: »Wenn ich mit dem Finger schnipse, kommst du!« Darauf entgegnet dieser: »Wenn ich den Kopf schüttle, komme ich nicht!«

Warum Sie ohne Plan B
die Krise kriegen

Wer in berufliche Turbulenzen gerät oder beruflich ab-
stürzt, hat ein Problem. Probleme lassen sich lösen oder
verhindern. Sie können Krisen bewältigen, wenn sie da
sind, oder ihnen zuvorkommen. Es spricht einiges dafür,
einen Plan B in der Schublade zu haben.

Die gefühlte Krise:
Angst vor der Arbeitslosigkeit

In Ängsten findet manches statt,
was sonst nicht stattgefunden hat.

Wilhelm Busch

Die Angst vor der Arbeitslosigkeit steht an erster Stelle der Zu-kunftsängste. Was ist schlimmer? Die Angst vor einer drohenden Arbeitslosigkeit oder die tatsächliche Arbeitslosigkeit? Das ist doch klar, werden Sie sagen, die wirkliche Entlassung ist schlimmer, als wenn ich nicht oder noch nicht entlassen bin und nur Angst davor habe. Eine Tatsache ist doch schlimmer als die Angst vor einem ungewissen Ereignis. Diesmal liegen Sie leider falsch. Der britische Soziologe Brendan Burchell von der Universität Cambridge weiß es besser.[2] Er hat sich für das psychische Befinden von 200 Briten in-teressiert, deren Arbeitsplatz über mehrere Jahre bedroht war. Er fand bei den Betroffenen im Verlauf der Zeit immer stärkere An-zeichen psychischer Störungen, vor allem Depressionen. Bei Leu-ten, die tatsächlich ihren Arbeitsplatz verloren, hat sich dagegen der psychische Zustand nach einigen Monaten wieder stabili-siert. Eine anhaltende Arbeitsplatzunsicherheit bedeutet anhalten-den Stress. Der Mensch ist aber eher für kurzfristigen Stress ge-baut als für chronischen. Eine lange während Angst um den Job und der damit verbundene Dauerstress beeinflussen das Wohl-befinden auf lange Sicht stärker als eine tatsächliche Entlassung. »An Existenzangst kann man sich nicht gewöhnen, auf Dauer macht sie krank«, heißt es im Internetauftritt des Mitarbeiternetz-werks NCI.[3]

Hätte Brendan Burchell die Studie nicht bei den krisenstabilen Briten durchgeführt, sondern bei den deutschen Ängstlichkeits-weltmeistern, wären die Ergebnisse aus zwei Gründen gravieren-der ausgefallen. Erstens haben die Deutschen in Sachen Angst die Nase vorn. Die Versicherungen leben von der im In- und Ausland bekannten »German Angst« und können ihren Werbeetat klein halten. Mit dem übrigen Geld sponsern sie Angststudien. Nicht ohne Grund finanziert die R+V-Versicherung die Langzeitstudie über die »Ängste der Deutschen« und zieht ihre Schlüsse aus den jährlichen Zahlen. Zweitens unterscheiden sich die Kulturen in einem weiteren Aspekt. In Deutschland bedeutet Scheitern eine Katastrophe. In England dagegen ist das Hinfallen keine Schande, nur das Liegenbleiben.

Wie lässt sich erklären, dass sich diffuse Ängste schlimmer auswirken als Tatsachen? Die Angst aktiviert ein ganzes Angstbündel. Zuerst die Existenzangst. Der befürchtete Verlust des Arbeitsplatzes nimmt da eine prominente Rolle ein, neben der Angst vor Krankheit, vor dem Alter, vor Unfällen. Mit der Arbeitslosigkeit, oder der Pleite bei Selbständigen, geht die soziale Angst, die Statusangst einher, man befürchtet den damit verbundenen Abstieg. Außerdem schürt die Angst vor dem Arbeitsplatzverlust die Leistungsangst. Die Arbeitsplatzunsicherheit führt zu einer erhöhten Angst, Fehler zu machen. Die könnten das Risiko der Entlassung steigern. Das führt zu einem erhöhten Leistungsstress. Mit dem gefährdeten Arbeitsplatz ist das Gefühl der Machtlosigkeit verbunden, weil man kaum Einfluss auf sein Schicksal hat. Das wichtige Gefühl der Selbstwirksamkeit geht verloren. Steht man dagegen tatsächlich auf der Straße, muss man sich nicht mehr mit diffusen Ängsten herumschlagen, sondern mit dem realen Problem, wieder einen Arbeitsplatz zu finden. Man ist gezwungen, aktiv zu werden, und das ist besser, als anhaltend unter diffusen Ängsten zu leiden.

Arbeitslosigkeit kann auch noch in einer anderen Hinsicht unglücklich machen, auch wenn man selbst gar nicht davon betroffen ist. Möglicherweise wirkt sich das Mitgefühl mit Betroffenen negativ auf die eigene Gefühlslage aus. Und obwohl man sich selbst in einem objektiv ungefährdeten Arbeitsverhältnis befindet, können Sorgen entstehen, dass man selbst in Zukunft seine Stelle verlieren könnte. Untersuchungen weisen einen deutlichen Gesamteffekt der Arbeitslosigkeit auf das Wohlbefinden einer Gesellschaft nach. Frey und Frey Marti (2010, S. 71) zitieren die Ergebnisse einer Untersuchung in zwölf europäischen Ländern in der Zeit von 1975 bis 1991. Die Zunahme der gesamtwirtschaftlichen Quote der Arbeitslosigkeit von neun Prozent auf zehn Prozent hat einen beträchtlichen Effekt auf die Lebenszufriedenheit der Bevölkerung. Auf einer Vier-Punkte-Skala sinkt die Lebenszufriedenheit um 0,028 Einheiten. Zwei Prozent der Bevölkerung stufen sich auf der Skala von »nicht sehr zufrieden« auf »überhaupt nicht zufrieden« zurück. Eine zunehmende Arbeitslosigkeitsquote bedeutet allerdings einen Trost für den einzelnen betroffenen Arbeitslosen: »Wenn viele Leute arbeitslos sind, ist der einzelne Arbeitslose von diesem Schicksal nicht allein betroffen. Seine Lebenszufriedenheit nimmt zwar ab, aber nicht in demselben Umfang, wie wenn nur er arbeitslos wäre« (Frey u. Frey Marti, 2010, S. 72).

Plagen Sie berufliche Zukunftsängste? Hören Sie auf damit. Sie haben drei Möglichkeiten. Ich empfehle Ihnen die erste, das ist die beste. An der zweiten können Sie nebenbei arbeiten. Aber die dritte ist auch nicht zu verachten:

1. Ersetzen Sie Ihr berechtigtes oder unberechtigtes Grübeln über Ihre ungewisse berufliche Zukunft durch eine konkrete Strategie. Arbeiten Sie an Ihrem Plan B. Entweder Sie haben schlaflose Nächte oder einen Plan B. Beides gleichzeitig geht nicht.

2. Es sind nicht nur die Dinge, die uns beunruhigen, sondern die Vorstellungen von den Dingen. Bleibt Ihnen kein großer Einfluss auf die Dinge, müssen Sie sich Ihre Vorstellungen vorknöpfen und verändern. Überprüfen Sie Ihre mentale Programmierung. Vielleicht müssen Sie Ihrem Kopf ein neues Programm verpassen. Um die mögliche Krise in Ihrem Kopf kümmern wir uns im nächsten Hauptkapitel.

3. Werden Sie tatsächlich arbeitslos! Hoffen Sie darauf oder arbeiten Sie daran. Das meine ich nicht als Witz, sondern ernst. Die Ergebnisse der britischen Studie sprechen dafür. Bei der vierten Krisenvariante, der tatsächlichen, gehen wir darauf ein.

Beispiele für die erfolgreiche Plan-B-Umsetzung

Am Ende der folgenden Kapitel liefere ich Ihnen kleine Beispiele gelungener beruflicher Umstiege. Das soll Sie für Ihre eigene Chancensuche sensibilisieren. Einige Umsteigerinnen und Umsteiger verwirklichen ihren Plan B mit einem Stellenwechsel. Die meisten verabschieden sich vom Angestelltenstatus in die Selbständigkeit. Die umgekehrte Richtung, vom Unternehmer zur Festanstellung, kommt praktisch nicht vor. Mancher Plan B lässt sich nur mit Kapital realisieren. Andere kann man nebenbei aufbauen. Meist ist Unzufriedenheit der Auslöser für den Umstieg und bei der Verwirklichung der Pläne spielt oft der Zufall eine Rolle. Lassen Sie sich nicht entmutigen, weil ich eher spektakuläre Erfolge schildere. Es gibt auch viele andere gelungene Umstiege, da müssen Sie sich nur einmal in Ihrem engeren und weiteren Bekanntenkreis umschauen, aber das Normale ist keine Nachricht.

Die nagende Krise: Unzufriedenheit

Krisen meistert man am besten,
indem man ihnen zuvorkommt.

Lebensweisheit

Sie glauben, das Gute siegt, die Wahrheit setzt sich durch. Da müssen wir, wie bei der ersten Krise, gleich wieder mit einem Vorurteil aufräumen. Liegt der Grund Ihrer beruflichen Unzufriedenheit darin, dass man Sie mobbt, kann ich Ihnen keine große Hoffnung machen, dass Sie das wieder hinbekommen, ohne einen Plan B zu aktivieren. Ab einer bestimmten Schärfe des Konfliktes sind soziale Beziehungen nicht mehr reparabel. »Nur in etwa 20 von 300 von uns dokumentierten Fällen geben Mobbingopfer an, sich wieder so wie vor dem Mobbinggeschehen zu fühlen. Bei diesen wenigen erfolgreichen Fällen hat meist eine dritte, neutrale Anlaufstelle eingegriffen und vermittelt«, weiß der Mobbingexperte Dieter Zapf, Professor für Arbeits- und Organisationspsychologie an der Universität Frankfurt.[4]

Die berufliche Unzufriedenheit hat verschiedene Gesichter und Mobbing ist eines davon. Die anderen Quellen eines Unbehagens sind die Berufswahl, die Ausgestaltung des Jobs und Stress mit der Gefahr des Ausbrennens. Aber werfen wir zuerst einen Blick auf das ganze Unbehagen, bevor wir in die Einzelheiten gehen. Den größten Anteil der wachen Zeit des Tages, man könnte fast sagen des Lebens, verbringen wir im Beruf. Es ist grausam, wenn einer morgens auf die Uhr schaut und hofft, dass bald Feierabend wird, weil er mit dem, was er tut, unzufrieden ist. Natürlich kann sich nicht jeder seinen Traumjob an Land ziehen und es wird in jedem Beruf Tätigkeiten geben, die nicht so lustig sind. Kompromisse sind nötig, aber der größere Teil der beruflichen Betätigung sollte doch Spaß machen.

Die Zahlen sind bedenklich. Die legen nahe, dass Sie mit großer Wahrscheinlichkeit beruflich unzufrieden sind. Könnte man sich auf Trends verlassen, wären Sie sogar seit 2009 mit Sicherheit unzufrieden. Zum Glück stimmen Trends nicht immer, sonst hätte es bereits im Jahre 2009 in Deutschland keinen einzigen motivierten

Mitarbeiter mehr gegeben. 2001 verrichteten 84 Prozent der in deutschen Unternehmen beschäftigten Mitarbeiter ihren Job unengagiert bis lustlos, enthüllte eine Studie des Beratungs- und Meinungsforschungsinstituts Gallup (zit. nach Deckstein, 2003). Im Jahr 2003 soll, laut Folgestudie von Gallup, der Anteil frustrierter Mitarbeiterinnen und Mitarbeiter auf 88 Prozent angewachsen sein. Das sind pro Jahr zwei Prozent Steigerung. Wenn das so weitergegangen wäre, wären schon 2009 hundert Prozent der Beschäftigten apathisch gewesen.

Ähnliche Ergebnisse brachte eine europaweite Umfrage der Internet-Stellenbörse mit dem sinnigen Namen Monster (zit. nach Schwertfeger, 2002): Von 8816 Arbeitnehmern sind in Deutschland gerade mal fünf und europaweit sieben Prozent der Befragten mit ihrem Arbeitsplatz rundum zufrieden. Den Bettel hinschmeißen, den Job wechseln, ausbrechen, etwas Neues anfangen, einen Betrieb aufmachen, auswandern, davon träumen viele der restlichen 93 bis 95 Prozent. Nur wenige wachen auf und versuchen, ihren Traum zu realisieren. Die meisten konzentrieren ihre Energie lieber in das Erfinden von Ausreden, schließlich sind Menschen darin besonders kreativ: »Wenn ich nicht verheiratet wäre …«, »Wenn ich keine schulpflichtigen Kinder hätte …«, »Wenn die Hypothek abbezahlt wäre …«, »Wenn ich mich nicht um meine alten Eltern kümmern müsste …« – »… dann hätte ich mich längst getraut.«

Wie sind Sie zu Ihrem Beruf gekommen? Haben Sie freudig eine Familientradition fortgesetzt, weil man Ihnen ein Händchen, eine Begabung, ein Talent für diesen Beruf vererbt hat? Wurden Sie früh in diese Richtung »geschubst« und haben Sie sich das gern gefallen lassen? Ein Nachfolger eines mittelständischen Unternehmens hat mir gesagt: »Ich verfluche den Tag, an dem ich nachgegeben habe und in die elterliche Firma eingetreten bin! Vorher ging es mir gut, als Angestellter in einer anderen Firma. Und jetzt geht es mir schlecht.«

Wussten Sie früh, was Sie werden wollten? Gab es einen beruflichen Kindheitstraum und konnten Sie ihn verwirklichen? Sind Sie das geworden, was Sie jetzt beruflich sind, weil es keine Lehrstellen im Traumberuf gab? Fehlte eine passende Lehrstelle vor Ort und haben Sie eine unpassende genommen, weil Sie von daheim nicht weg wollten? Hatten Sie wenig Ahnung, was Sie werden wollten, und sind zufällig an Ihren Beruf geraten? War der Zufall ein Volltreffer oder eine nachträgliche Fehlanzeige? Wie dem auch sei. Ist eine unglückliche Berufswahl die Ursache für die heutige Unzufriedenheit, dann haben Sie jetzt die Chance für eine Änderung. Die Arbeit am Plan B, die Erforschung Ihres Ressourcenportfolios kann Ihrem beruflichen Dasein eine neue Richtung geben. Anschließend wissen Sie, ob ein Jobwechsel angesagt ist, ob Sie Ihren jetzigen Job mit neuen Elementen anreichern können, oder ob sich einige Ihrer Talente und Neigungen in einem Hobby ausleben lassen.

Schön wäre es, wenn jeder seinen Traumberuf in einem Traumjob ausleben könnte. Das werden nur wenige schaffen. Viele müssen Kompromisse eingehen. Sind zu große Kompromisse nötig, wird es problematisch. Selbst wenn Sie den Beruf haben, der zu Ihnen passt, kann die Ausgestaltung Ihrer Stelle eine Quelle der Unzufriedenheit sein. Möglicherweise sind Sie mit dem richtigen Beruf in der falschen Firma gelandet. Vielleicht haben Sie zu wenig Handlungsspielraum, zu wenig Abwechslung, zu wenig Rückendeckung, zu wenig Ressourcen. Die Zusammenarbeit funktioniert nicht. Sie haben keine Entwicklungsmöglichkeiten. Das Arbeitsumfeld gefällt Ihnen nicht, man hat Sie in ein angebliches Großraumbüro gesteckt, das den Namen nicht verdient und zu dem man besser »Bürogroßraum« sagen würde, weil in einen großen Raum viele Schreibtische gestellt wurden. Die Arbeitsbelastung ist zu hoch. Ihr Privatleben kommt zu kurz. Sie werden Ihren privaten Rollen nicht gerecht und das erzeugt zusätzlichen Druck. Weitere Ursachen für eine Unzufriedenheit können in Ihren Persönlichkeitseigenheiten oder in Ihrem Wertesystem liegen. Vielleicht passt da einiges nicht mit dem zusammen, was von Ihnen verlangt wird. Im übernächsten Hauptkapitel (»Was in Ihnen steckt und wie Sie das herausfinden«) beschäftigen wir uns mit Ihren Werten und Ihrer Person.

Die berufliche Unzufriedenheit spielt im Zusammenhang mit dem Stress eine besondere Rolle und das kann für Sie gefährlich werden. Neben dem Stress ist Unzufriedenheit die zweite Hauptursache für Burnout. Die Gefahr des Ausbrennens ist das größte Berufsrisiko des 21. Jahrhunderts. In Deutschland ist nach einer Untersuchung der Krankenkassen bereits jeder vierte Arbeitnehmer betroffen. Besonders gefährdet sind die besonders Engagierten. Die nehmen willig immer neue Aufgaben an. Akzeptieren ständig noch mehr Termine, reißen alles an sich, wollen alles selber machen, suchen nach Anerkennung und sind bereit, fast alles dafür zu tun. Vernachlässigen ihre zwischenmenschlichen Beziehungen, obwohl gerade die hilfreich gegen den Stress wären. Sie geraten in einen chronischen Zustand des Nicht-im-Einklang-Seins mit ihrer Arbeit. Nach und nach wird ihr Überengagement durch eine sich langsam ausbreitende Erschöpfungsphase ausgebremst, irgendwann rebelliert der ganze Organismus gegen die permanente Überforderung. Wie bereits gesagt, ist neben dem Stress die Unzufriedenheit die zweite Hauptursache für das Ausbrennen. Beide Faktoren müssen eine bestimmte Intensität überschreiten, damit Burnout entstehen kann. Burnout entsteht nicht, wenn man nur zu viel arbeitet. Das zieht maximal eine kürzere Schwächeperiode nach sich, die wieder vorbeigeht. Burnout entsteht auch nicht, wenn man nur unzufrieden ist. Wohl dem, der zufrieden ist und mit Stress umgehen kann.

Da ist noch eine gravierende Sonderform der beruflichen Unzufriedenheit. Wer mit diesem Problem konfrontiert ist, geht nicht missmutig zur Arbeit, sondern der tägliche Arbeitsweg wird zur Qual. Welche Schikanen, Demütigungen, Sticheleien warten heute auf mich? Mobbing ist, wenn jemand systematisch und über einen längeren Zeitraum schikaniert, drangsaliert, benachteiligt und ausgegrenzt wird. Ausgangspunkt ist oft eine sachliche Meinungsverschiedenheit oder eine Auseinandersetzung mit einem Chef oder einem Kollegen. Lässt sich so etwas nicht ausräumen, kann es sich zu einem persönlichen Konflikt ausweiten. Der Konflikt eskaliert zum Krieg. Die stärkere Partei wird zum Täter. Das kann der Chef sein. Oder der Kollege, vor allem, wenn er die Rückendeckung des Chefs hat. Die schwächere Partei, vor allem wenn sie isoliert ist, wird zum Opfer. Und ist manchmal am Problem, durch ein rigides Verhalten und mangelnde soziale Kompetenz, mit beteiligt. Das Opfer kann aber beliebig austauschbar und völlig unschuldig an der Situation sein, wenn es an einen »Predator« gerät, einen Jäger, der mit allen Mitteln seine Machtsphäre aufrechterhalten will. Oder an einen psychopathischen Chef mit sadistischen Persönlichkeitszügen, der aufgrund einer schlechten

Unternehmenskultur von oben nicht ausgebremst wird. Oder man will jemanden loswerden und schafft das auf offizielle Weise nicht.

Ob mitschuldig oder nicht, das Opfer gerät in eine schwierige, oft aussichtslose Lage. Es ist verunsichert, macht Fehler, traut sich nichts mehr zu, ist psychisch und körperlich angeschlagen. Die Folgen der Quälerei bestätigen nachträglich die unsachlichen Vorwürfe des Aggressors. Im Personalgespräch oder vor dem Arbeitsgericht wird es für die Betroffenen schwierig, sich zur Wehr zu setzen, vor allem, wenn der Chef Haupt- oder Mittäter ist. Das Opfer soll die Vorwürfe widerlegen und das Gegenteil beweisen. Das Ende vom Lied ist die eigene Kündigung des Mobbingopfers, weil es die Situation nicht mehr aushält. Oder es wird gekündigt oder stimmt einem Aufhebungsvertrag zu. Nicht selten müssen Betroffene »umsatteln«, weil es in der Branche keine Chance mehr gibt, sich die Personalchefs kennen und sich über »Problemfälle« austauschen. Wohl dem, der einen Plan B in der Schublade hat. Möglicherweise kann sich die durch Mobbing angestoßene Auseinandersetzung mit der eigenen Person sogar positiv auswirken. Das lädierte Selbstwertgefühl wird durch die Beschäftigung mit den eigenen Fähigkeiten, Erfahrungen und Stärken gestützt. Eigene Anteile an der Misere werden erkannt, wenn etwa eine zu starke Leistungsorientierung, Gewissenhaftigkeit, Rigidität, mangelnde soziale Kompetenz den Ausgangskonflikt mit verursacht haben.

Über eine unglückliche Berufswahl auf den Hund gekommen

Lucca ist der wichtigste Mitarbeiter von Eve Schwender. Bei der hat alles mit einer unglücklichen Berufswahl aus Orientierungslosigkeit begonnen. Die unzufriedene Elektrotechnische Assistentin verwirklichte über einige Umwege und mit Hilfe vieler Zufälle ihren Traum und kam auf den Hund. Lucca ist Filmschauspieler. Seinen Durchbruch hatte er im Film »Hierankl« mit dem Kollegen Sepp Bierbichler. Der langhaarige Mischling wurde von Eve Schwender zufällig im Tierheim gefunden und der Anruf einer Filmagentur machte ihn zum Filmstar und sie zur Filmtiertrainerin. Inzwischen trainiert sie seit über zehn Jahren, zusammen mit ihren Töchtern, auf ihrem Hof im bayrischen Isental alle möglichen Tiere für Film- und Fernsehrollen, aber auch für Therapieeinsätze bei verhaltensgestörten Kindern und Jugendlichen (Seel, 2009).

Die schleichende Krise: Erstarrung

Wollen Sie noch ein Vorurteil loswerden? Sie glauben doch an die Macht des Wissens. Je mehr man weiß, je besser man auf einem Fachgebiet durchblickt, desto größer die Chance auf beruflichen Erfolg. Auch da könnten Sie falsch liegen. Aber erst einmal der Reihe nach. Sie leiden vermutlich einerseits unter zu viel und andererseits unter zu wenig Ahnung. Das ist Ihnen aber nur zum Teil bewusst und dieses Nichtwissen könnte für Sie genauso zum Problem werden wie Ihr Expertenwissen. Es gibt vier Stufen des Durchblicks:[5]

1. unbewusste Inkompetenz,
2. bewusste Inkompetenz,
3. bewusste Kompetenz,
4. unbewusste Kompetenz.

Wie das gemeint ist, will uns der ehemalige amerikanische Verteidigungsminister Donald Rumsfeld erklären (zit. nach Augstein, 2003): »Es gibt Dinge, von denen wir wissen, dass wir sie wissen. Es gibt Lücken in unserem Wissen, von denen wir wissen. Soll heißen: Es gibt Dinge, von denen wir wissen, dass wir sie nicht wissen. Aber es gibt auch Lücken in unserem Wissen, von denen wir nichts wissen: Es gibt Dinge, von denen wir nicht wissen, dass wir sie nicht wissen […]. Und von denen entdecken wir jedes Jahr mehr.« Wenn Sie das nicht verstanden haben, darf ich Ihnen auf die Sprünge helfen. Rumsfeld hat die ersten drei Stufen des Durchblicks in absteigender Reihenfolge umschrieben. Die vierte Stufe hat er nicht mehr geschafft. Dazu hätte er sich einen Teil seiner unbewussten Kompetenz erschließen müssen.

Wie kompetent sind Sie? Mit welchen Pfunden können Sie wuchern? Auf welchen Stufen haben Sie Probleme? Wo lauern Gefahren? Wenn Ihnen das alles klar wäre, hätten Sie dieses Buch umsonst in der Hand. Zur Entwirrung beginnen wir bei den vier

Stufen von hinten, aber – im Gegensatz zu Rumsfeld – ganz hinten, bei der unbewussten Kompetenz. Sie besitzen eine biographische Schatzkiste. Sie haben während Ihrer Ausbildung und im Verlauf Ihrer beruflichen Tätigkeit systematisch oder nebenbei fachliche und außerfachliche Qualifikationen erworben, allerlei Erfahrungen gesammelt und alle möglichen Leute kennen gelernt. Das ist Ihre Kompetenz, Ihr berufliches Kapital. Diese Ressource ist viel größer, als Ihnen bewusst ist. Wenn Sie wüssten, was alles in Ihnen steckt, über welche Bewältigungs- und Problemlösefähigkeiten und Kontakte Sie verfügen! In Ihrer biographischen Schatzkiste befinden sich unentdeckte Kostbarkeiten, mit denen Sie etwas anfangen können. Vor allem, wenn Sie beruflich neue Weichen stellen wollen oder müssen. »Alle Menschen besitzen Talente – aber sie wissen oft nicht, welche«, weiß der Fußballtrainer Louis von Gaal.[6] Die Erforschung Ihrer biographischen Schatzkiste, die Bewusstmachung Ihrer Talente, die Erschließung Ihrer unbewussten Kompetenz ist ein wesentlicher Baustein auf dem Weg zu Ihrem Plan B.

Bei der dritten Stufe ist alles klar, könnten Sie meinen. Vordergründig haben Sie recht. Seien Sie also stolz auf Ihre bewusste Kompetenz, auf Ihre beruflichen Fähigkeiten, auf Ihre Erfahrungen, auf Ihr Spezialwissen, auf Ihren Expertstatus. Je besser Sie Ihr Fachgebiet beherrschen, desto sicherer sitzen Sie zwar im beruflichen Sattel. Aber: »Je besser wir bei einer bestimmten Tätigkeit oder Unternehmung werden, desto wahrscheinlicher lassen wir ein Gebiet möglicher Chancen zurück«, sagt Edward de Bono, der Altmeister aller Chancensucher (1992, S. 17). Haben Sie darüber schon einmal nachgedacht, ist Ihnen das bewusst? Mit dieser latenten Gefahr, die in jeder Expertenschaft liegt, werden wir uns gleich beschäftigen.

Vorher möchte ich Sie aber von der ersten Stufe auf die zweite befördern, Sie von einem kleinen Teil Ihrer unbewussten Inkompetenz befreien und vor der Gefahr der Erstarrung warnen. Diese Angstmache ist nicht unproblematisch, weil man manchmal besser durchs Leben kommt, wenn man etwas nicht weiß. Das hat Erasmus von Rotterdam bereits 1508 gewusst, wenn er den Segen der Dummheit preist: »Der Dumme wird durch seine Blödheit aber jener elenden Sorgen enthebt, denen der weise Mann ausgeliefert ist.« Das ist ja die Krux bei der gefühlten Krise. Zu sensible Leute haben Stress, weil sie sich mit Problemen beschweren und sich Katastrophen ausmalen, die nie eintreffen. Phantasielose Zeitgenossen gehen fröhlich und unbeschwert durchs Leben, weil ihnen überhaupt nicht bewusst ist, in welcher realen Gefahr sie sich befinden. Egal wie viel Phantasie Sie besitzen, vor einer dummen Sache, vor der Erstarrung, möchte ich Sie gern bewahren. In diese Endstufe einer schleichenden Krise sollen Sie nicht hineinschlittern. Schauen wir uns dazu an, wie sich die Professionalität zusammensetzt.

Beruflicher Erfolg steht im Wesentlichen auf sieben Säulen (modifiziert nach Richter, 2010, S. 131):

1. *Könnerschaft:* Sein Handwerk verstehen und beherrschen.
2. *Lebenslanges Lernen:* Mit seinen Kompetenzen am Ball bleiben, sich an veränderte Anforderungen anpassen.
3. *Innovation:* Nicht in der Routine verharren oder erstarren, sondern Neuerungen erfinden und neue Wege gehen.
4. *Arbeitszufriedenheit:* Sich gefordert fühlen, sich weiterentwickeln können und dürfen.
5. *Vergütung:* Stimmt das Verhältnis von Leistung und materieller und sozialer Vergütung?
6. *Soziale Intelligenz:* Funktioniert die zwischenmenschliche Vernetzung?
7. *Balance:* Stehen Beruf und Privatleben und körperliche Verfassung in einer ausbalancierten Beziehung?

Wie bei der Identität hängt auch hier alles miteinander zusammen. Wackelt eine Säule, ist die gesamte berufliche Stabilität bedroht. Die Könnerschaft ist gefährdet, wenn Sie nicht durch lebenslanges Lernen am Ball bleiben. Umgekehrt kann Könnerschaft für die Innovation gefährlich werden. Zunehmende Routine produziert einen Tunnelblick. Neue Wege werden nicht mehr gesucht, Chancen nicht mehr entdeckt. Eine Erstarrung ist noch aus einem anderen Grund problematisch. Sie funktioniert automatisch und die Entstarrung bedarf einer Mühe.

Sind wir Menschen Gewohnheitstiere oder sind wir es nicht? Idealerweise sind wir beides. In Gewohnheit steckt »wohnen«. Seit wir aus dem Paradies in die Welt geworfen wurden, suchen wir nach einem Ort. Die Verortung ist wichtig für unsere psychische Stabilität, wir brauchen einen Anker, Sicherheit, Geborgenheit. Wie wichtig das ist, wird besonders deutlich, wenn wir »Heimsuchungen« erfahren, durch einen Einbrecher oder durch Hochwasser. Der materielle Schaden ist eher ein Nebenkriegsschauplatz. Die Hauptquelle der existenziellen Verunsicherung ist das Eindringen in unsere Intimsphäre, die Verletzung unseres Geborgenheitsraumes.

Wir Menschen brauchen auch Rituale, sie stärken unser seelisches Gleichgewicht und schützen vor Stress. Auch unsere Identität will sich nicht jeden Tag neu erfinden, man muss sich erinnern, wenn man nicht bedeutungslos werden will. Wir sind aus guten Gründen Gewohnheitstiere, unser Streben nach Beständigkeit und Dauer ist ein Teil von uns. Aber nur ein Teil. Verschließen wir uns Veränderungen, erreichen wir irgendwann den Zustand der Selbstimmobilisierung. Unsere Gewohnheiten passen nicht mehr zu den aktuellen Gegebenheiten. Endstufe ist der rigide Mensch, lernungeübt und unfähig, sich wechselnden Bedingungen schnell anzupassen. »Das ganze Leben ist und bleibt ein Experiment. Wenn wir nichts wagen, bleiben wir stehen«, sagt der Risikoforscher Klaus Heilmann.[7] Der Soziologe Richard Sennett setzt noch eins drauf, wenn er konstatiert, dass die Menschen am Mangel an Neuem, Unerwartetem, Vielfältigen in ihrem Leben ersticken. Nichts gegen Gewohnheiten, solange wir uns immer wieder neue zulegen.

Charles Handy (2007, S. 125) bringt das Problem der schleichenden Krise mit seinem Konzept der S-förmigen Entwicklungskurve auf den Punkt.

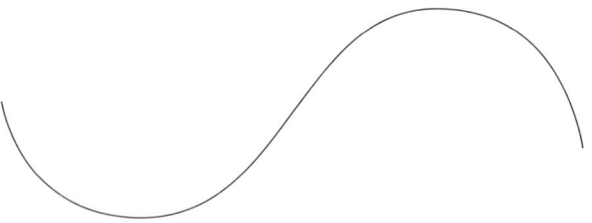

Abbildung 2: Die Entwicklungskurve (nach Handy, 2007)

Im Stadium der Ausbildung müssen wir investieren. Wir nehmen viel auf, die Kurve geht zunächst nach unten, mit unserer Leistung ist es noch nicht so weit her. Dann bringen wir das erworbene Potenzial erfolgreich zum Einsatz, unsere Investitionen zahlen sich aus. Nach einiger Zeit verliert das, was gut funktioniert hat, an Wirkung. Wir erstarren oder verlieren den Anschluss an neuere Entwicklungen, geraten in eine Abwärtsbewegung und beginnen verzweifelt nach Alternativen zu suchen. Oft ist es an diesem Punkt bereits zu spät. Viel besser wäre es gewesen, über Konsequenzen und Alternativen nachzudenken, bevor es abwärts geht.

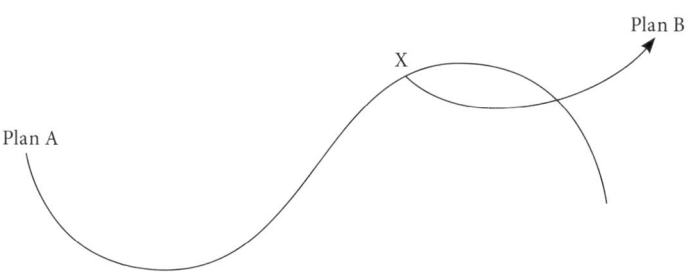

Abbildung 3: Die Entwicklungskurve und der Plan B

Dann hätte man mit einem Plan B eine zweite Kurve am Punkt X beginnen lassen, bevor die erste ihren Höhepunkt erreicht hätte. »Rückblickend ist dies leicht zu erkennen, doch im Verlauf einer Entwicklung ist das alles andere als offensichtlich. An dem Punkt auf der ersten Kurve, an dem ein Neuanfang erforderlich wäre, sieht es nämlich so aus, als liefe alles wunderbar. Solange etwas funktioniert, sehen wir natürlich keinen Grund, es in Ordnung zu bringen. Zu dem Zeitpunkt, da wir bemerken, dass die Dinge nicht mehr optimal laufen, haben wir oft schon alle Reserven verbraucht und sind verängstigt, gestresst und deprimiert« (Handy, 2007, S. 125). Der Rat von Handy: Solange alles gut läuft, beginnt man nachzudenken über ein neues Leben, einen Berufswechsel oder den Übergang zu anderen Interessen. Wann aber ist man am Punkt X angekommen? »Nun, man erkennt es nie, es sei denn im Rückblick, was allerdings nutzlos ist. Es gibt jedoch andere Hinweise darauf, dass ein Neubeginn ratsam wäre. Ein solcher Hinweis ist die Geborgenheit. Ab dem Moment, in dem wir uns vollkommen sicher fühlen und das Leben oder die Arbeit scheinbar im Griff haben, verwechseln wir möglicherweise die Illusion der Sicherheit mit der Selbstgefälligkeit. Es ist immer gefährlich, sich auf den eigenen Lorbeeren auszuruhen, sei es im Privatleben oder im Beruf« (S. 126).

Vom OP auf den LKW

Einer der angesehensten Herzchirurgen der Schweiz ist einer möglichen Erstarrung zuvorgekommen. Am Punkt X der Entwicklungskurve von Charles Handy (Abbildung 3) hat er sich mit 55 Jahren aus eigenen Stücken aus dem Operationssaal verabschiedet und sich mit seinem Plan B einen Bubentraum erfüllt. Jetzt braust Markus Studer als promovierter Ritter der Landstraße mit einem eigenen 460 PS starken Tanklaster durch Europa und kann seine Interessen für Technik und Reisen ideal kombinieren. Spezialisiert hat er sich auf den Transport flüssiger Lebensmittel: Speiseöle, Fruchtsäfte oder Kakaobutter. Er hat den Absprung zur richtigen Zeit geschafft – im Gegensatz zu manchen Kollegen, die nicht rechtzeitig aufhören. Und das hält Studer bei Chirurgen für verantwortungslos (Maeder, 2010).

Die tatsächliche Krise: Pleite und Entlassung

Triumphe halten keine Lehren bereit,
Misserfolge dagegen befördern die Erkenntnis
auf mannigfaltige Art.

Hans Magnus Enzensberger

Die Angst vor der Arbeitslosigkeit ist die Nummer eins unter den Zukunftsängsten und wirkt sich auf Dauer schlimmer aus als die tatsächliche Arbeitslosigkeit. Das wissen Sie bereits. Die tatsächliche Arbeitslosigkeit wiederum ist schlimm genug, ist sie doch die Nummer eins beim Absturz der Lebenszufriedenheit. Wenn wir gerade bei der Zufriedenheit sind: Wer gründet eher ein Unternehmen, Zufriedene oder Unzufriedene? Eine Untersuchung, auf die wir später eingehen werden, zeigt, dass das Verhältnis zwei Drittel zu einem Drittel beträgt. Raten Sie mal, ob eher Zufriedene oder eher Unzufriedene eine neue Firma aufmachen. Es sind doppelt so viel Unzufriedene! Hätten Sie das gedacht?

Aber von wegen eine neue Firma gründen. Jetzt haben Sie erst mal die Krise. Davor hätte ich Sie gern bewahrt, wenn wir früher zueinandergefunden hätten. Aber jetzt ist die Situation nun einmal da. Eigentlich sind Sie gar nicht meine Zielgruppe. Sie brauchen keinen Plan B, sondern einen Plan A. Im Grunde geht es um das Gleiche, nur Ihre derzeitigen Umstände sind nicht so komfortabel. Es wäre angenehmer, wenn Sie noch fest im Sattel sitzen würden und sich hoch zu Ross Gedanken zum Umsatteln machen könnten, bevor Ihr Pferd zusammengebrochen ist. Jetzt stehen Sie wie ein Cowboy ohne Pferd mit dem Sattel unter dem Arm in der Prärie.

Allerdings hat Ihre Situation einige entscheidende Vorzüge. Die greifen aber erst, wenn Sie aus dem Schockzustand herausgekommen sind. Wie schnell Sie herauskommen, hängt unter anderem davon ab, ob Sie ein klares Eigenbild haben und wie es um Ihre Resilienz bestellt ist. Wer mit Resilienz gesegnet ist, findet immer einen Ausweg und weiß, was er als Nächstes zu tun hat, während andere planlos »herumeiern«. Letztlich geht es um »die Kraft, aus einer deprimierenden Situation wieder ins volle Leben zurückzukehren« (Berndt, 2010, S. 24). Sind Sie ein resilientes Stehaufweibchen oder Stehaufmännchen und haben Sie ein klares Eigenbild, dann dauert die Schockphase nicht so lang und Sie können sich schneller der Phase der Neuorientierung zuwenden.

Vielleicht sind Sie aber gar nicht gelähmt, weil Sie in Ihrer Familie oder im Freundeskreis Gesprächspartner und einen festen Rückhalt finden. »Je mehr ich über das Ereignis und meine Gefühle rede, umso größer sind die Chancen, dass ich mein inneres Chaos ordnen kann«, sagt Christian Ehrig. Der ist Oberarzt an der Psychosomatischen Klinik in Roseneck am Chiemsee und muss es wissen, schließlich ist er auf die Behandlung von Menschen spezialisiert, die einen Schicksalsschlag erlitten haben.[8] Das Aussprechen kann auch verhindern, dass Menschen in dem lähmenden Schockzustand, der nach einem Schicksalsschlag völlig normal ist, »festfrieren« und handlungsunfähig werden.

Jetzt können Sie entweder Ihren dunklen Gedanken und Gefühlen nachgehen und grübeln, was alles schief gelaufen ist. Oder im Sinne der Positiven Psychologie nach vorn blicken, der Situation ermunternde Aspekte abgewinnen und überlegen, wie es weitergeht. Eine Ursachenanalyse für Ihre Misere und wie Sie verhindern, dass Ihnen so etwas noch einmal passiert, können Sie später immer noch anstellen, das läuft Ihnen nicht davon.

Hier sind die Vorteile einer Pleite, wenn Sie selbständig waren, oder der Arbeitslosigkeit, wenn Ihr Arbeitgeber bankrott gegangen ist oder man Sie loswerden wollte, um durch Abspecken einen Konkurs zu verhindern. Erstens haben Sie durch diesen Schicksalsschlag, wie der Name sagt, auf einen Schlag drei Krisen los. Angst vor Pleite und Entlassung brauchen Sie jetzt nicht mehr haben. Das hat sich erledigt und Sie wissen von der britischen Studie, dass es besser ist, tatsächlich auf der Straße zu stehen, als anhaltend Angst davor zu haben. Die nagende Krise ist ebenfalls zu Ende. Mit einem Job, den Sie nicht mehr haben, können Sie auch nicht mehr unzufrieden sein. Vermutlich kam die Entlassung nicht wie der Blitz aus heiterem Himmel, sondern hat sich schon länger angedeutet. So ein prekäres Beschäftigungsverhältnis kann keine Quelle der Zufriedenheit gewesen sein. Die schleichende Krise können Sie jetzt auch abhaken. Die war Ihnen vermutlich überhaupt nicht bewusst. Das ist ja das Tückische an schleichenden Veränderungen. Oder haben Sie Ihre zunehmende Erstarrung mitbekommen? In nächster Zeit dürfen Sie sich ganz schön entstarren und ich helfe Ihnen dabei.

Zweitens brauchen Sie jetzt nicht mehr abstrakt über Ihr mögliches Schicksal nachgrübeln. Jetzt müssen Sie aktiv werden. Manchmal ist es gut, wenn man gezwungen wird, etwas zu unternehmen, als wenn man ohne Tatkraft irgendwie herumhängt. Jetzt haben Sie klare Verhältnisse und müssen etwas tun, mit diesen positiven Nebeneffekten:

- Ihr Leben wird Ihnen richtig bewusst.
- Sie können neu anfangen, endlich einen Traum realisieren.
- Sie müssen neu anfangen.
- Sie haben keine Ausreden mehr.
- Sie werden gezwungen, Ihre Grenzen zu testen und zu überwinden.
- Sie trauen sich, weil Ihnen nichts anderes übrig bleibt.

Drittens macht Ihnen das Schicksal zur Realisierung der positiven Nebeneffekte ein Geschenk. Sie befinden sich in einem wertvollen Zustand, in der Phase des Übergangs. »In diesem kurzen Zeitraum zwischen Überraschung und dem Streben nach Normalisierung erhalten Sie die seltene Gelegenheit, zu entdecken, was Sie nicht wissen. Es ist einer jener kostbaren Momente, in denen wir unser Wissen erheblich erweitern können« (Weick u. Sutcliffe, 2003, S. 54). Übergänge sind Zeiten der Schöpfung. Bisherige Strukturen sind zerstört, manche Beziehungen aufgelöst. Vieles ist offen, vieles ist möglich, der Zufall hat Raum. Übergänge machen Angst, aber Entwicklung ist nur dort, wo Angst ist. Wandel und Entwicklungen fangen damit an, dass Sicherheiten zerstört werden. Bei Ihnen ist zusätzlich die Unsicherheit zerstört und das ist auch in Ordnung.

Viertens haben Sie jetzt eine Chance, dass es Ihnen hinterher besser geht als vorher, dass Sie hinterher glücklicher sind als vor dem einschneidenden Ereignis. Freiwillig findet der Mensch selten zu seinem Glück. Er muss dazu gezwungen werden. Oft markiert ein Bruch, ein Unglück, ein Durchleben schwerer Zeiten, eine Entwurzelung einen erfolgreichen Neubeginn. Der Mensch muss aus der Bahn geworfen, aus bestehenden angenehmen Verhältnissen herausgerissen werden, darf keine Alternative haben. Von politischen Flüchtlingen gehen häufig Wellen von Firmengründungen in ihrer neuen Heimat aus. So hat mancher Vertriebene im Nachkriegsdeutschland mangels einer anderen Perspektive Unternehmergeist entwickelt und das Wirtschaftswunder mit befördert. Ähnliche Beispiele finden sich bei Franzosen, die Algerien verlassen mussten, und bei Exilkubanern in Florida. Oder ein Mensch wurde massiv enttäuscht, hatte fest damit gerechnet, eine bestimmte Position zu bekommen, und ein anderer wurde ihm vorgezogen. Der verbitterte Wunsch, nie wieder von anderen abhängig oder ihnen ausgeliefert zu sein, steigert den Mut zum Risiko.

Studien zeigen, dass negative Faktoren viel eher als positive den Anstoß zum Handeln geben. Albert Shapero (1976) hat über 100 Personen interviewt, die in einer amerikanischen Stadt neue Firmen gegründet hatten. In 65 Prozent der Fälle war der einzige oder hauptsächliche Auslösefaktor für die Neugründung ein negatives Erlebnis: »Ich verlor meinen Arbeitsplatz«, »Man wollte mich in eine andere Ecke des Landes versetzen und ich hatte keine Lust, von hier wegzugehen«, »Zehn Jahre habe ich mich für die Firma abgerackert und dann hat mir der Inhaber seinen bescheuerten Sohn als Chef vor die Nase gesetzt« oder »Die Firma wurde verkauft«. Nur 28 Prozent gaben ein positives Erlebnis als Auslösefaktor an: Ihnen war von Freunden, Kollegen oder potenziellen Kunden Mut gemacht worden.

Fünftens gehen Sie möglicherweise mit mehr Lebensweisheit und Stärke aus dieser Situation heraus. Wie schwer Sie Ihre Niederlage nehmen und wie schnell Sie aus dem Loch wieder herauskommen, in das Sie gefallen sind, hängt davon ab, wie Sie den Schlamassel mental verarbeiten. Die Entlassung können Sie nicht mehr rückgängig machen. Die Situation, in die Sie geraten sind, können Sie nicht mehr ändern. Ihnen bleibt aber noch ein Freiraum, den Sie gestalten und ändern können: Ihre Einstellung zum Ereignis. Sie können sich gedanklich und damit gefühlsmäßig hineinsteigern und daran festbeißen, mit Ihrem Schicksal hadern, bis Sie irgendwann total verbittert sind und die Lust am Leben verlieren. Oder Sie können sich mit der Schriftstellerin Maria von Ebner-Eschenbach auf den Standpunkt stellen: »Im Grunde ist jedes Unglück so schwer, wie man es nimmt.« Sie können sich im positiven Denken üben. Eine Extremform wäre, dass Sie sagen: »Ich bin froh, dass ich meinen Job verloren habe, wenn ich nicht froh wäre, hätte ich ihn trotzdem nicht mehr!« So wie der schwäbische Bauer, statt depressiv zu werden, gesagt hat: »Guat, dass d'Kua vorreckt ischt, jetzt hats Kälble Platz.« Das ist natürlich irgendwo ein Stück Selbstbetrug, aber vielleicht hilft es Ihnen. Da wirkt sich eine andere Art, sich selbst zu betrügen, fataler aus: wenn Sie sich für das Schicksal, für das Sie überhaupt nichts können, selbst verantwortlich fühlen und sich Selbstvorwürfe machen. Manche Menschen haben diesen dummen Glaubenssatz im Kopf: »Wenn etwas schief geht, bin ich immer selbst daran schuld.« Trifft Sie ein beruflicher Schicksalsschlag, müssen Sie immer überlegen, um welche Art von Schicksal es sich handelt. Da gibt es nämlich zwei Möglichkeiten. Erstens hat das Schicksal einfach zugeschlagen und Sie hat es zufällig getroffen, es hätte aber auch jeden anderen treffen können. Dann müssen Sie sich einfach auf den Standpunkt stellen: Das Schicksal wollte mir sagen, dass ich etwas anderes machen soll. Das nehme ich als Herausforderung an!

Oder Sie übernehmen die persönliche Verantwortung für das Geschehen, aber nur, wenn Ihnen das Schicksal gesagt hat, dass Sie etwas anderes hätten machen sollen. Dass Sie mit Ihrem beruflichen Ausrutscher für ein persönliches Versäumnis büßen. Das dürfen Sie sich dann schon selbst in die Schuhe schieben. Dass Sie beruflich stehengeblieben sind, sich nicht mehr weitergebildet und Entwicklungen verschlafen haben. Zu lange sollten Sie sich darüber keinen Kopf machen, sondern lieber überlegen, was Sie tun müssen, damit Ihnen das nicht noch einmal passiert.

Mein Lieblingsphilosoph Wilhelm Schmid sagt: »Weit über das materielle Problem hinaus ist das eigentliche Problem der Arbeitslosigkeit ein ideelles: Seiner selbst verlustig zu gehen, das Nichts zu erfahren, das außerhalb der fest gefügten Welt der Erwerbsarbeit droht, die den Tagesablauf, den Wochen- und Jahresrhythmus bestimmt, worüber die Betroffenen zwar sich beklagen, wovon sie jedoch gehalten werden und woher sie den Horizont ihres Lebens beziehen« (1999, S. 164). Die Toilettenfrau Bruni Bruck – sie hat von der Bayerischen Seenschifffahrt das Toilettenhaus am Königssee gepachtet – sieht es ähnlich. Sie weiß, dass es bei der Arbeit nicht nur ums Geldverdienen geht: »[…] ein Mensch braucht die Arbeit, sie strukturiert seinen Tag, sie bringt ihn unter andere Menschen, sie gibt ihm Sinn.« Sie meint, dass dem, der keine Arbeit hat, eine Rüstung fehlt – und ein Gerüst (Gertz, 2009, S. 3). Geben Sie Ihrem Tag eine Struktur und einen Sinn. Schmieden Sie sich eine neue Rüstung. Machen Sie sich ans Werk. Nehmen Sie Ihren neuen Plan A in Angriff. Haben Sie das geschafft, sollten Sie sich schleunigst um Ihren Plan B kümmern. Damit Ihnen nicht noch einmal Ihr Arbeitspferd zusammenbricht und Sie mit dem Sattel unter dem Arm in der Prärie stehen.

Vom Weltuntergang aufs hohe Ross

Die Kündigung war für die 48-jährige Topmanagerin Isabelle Banek wie ein Weltuntergang. Sie arbeitete zwölf Stunden am Tag, verdiente viel Geld und war stolz auf sich. Dann stand sie plötzlich auf der Straße. Einem Coach erzählt sie von ihrer Liebe zum Reiten. Daraus entstand die Idee für einen Reiterhof. Den hat sie mit ihrer Erfahrung als Managerin auf Trab gebracht.»Durch das Zusammensein mit den Tieren bin ich viel fröhlicher als früher. Obwohl ich inzwischen wieder zwölf Stunden arbeite, fühlt es sich an wie ein wunderschöner Urlaub.«[9]

Die lauernde Krise: Pensionierung

Haben Sie Zeit
oder sind Sie pensioniert?

Frage an den gehetzten Rentner

Verkraften Sie noch einen letzten Angriff auf Ihre Vorurteile? Es wird doch immer behauptet, das einzig Sichere im Leben sei der Tod. Das glauben Sie doch auch. Leider stimmt das nicht. Es gibt ein Lebensereignis, das sicherer ist als der Tod. Weil – im Gegensatz zum Tod – sogar der Termin bekannt ist, zu dem es eintritt: Die Pensionierung! Der Tag des Ausstiegs aus dem aktiven Arbeitsleben. Für viele Beschäftigungsverhältnisse steht von Anfang an fest, wann spätestens Schluss ist. Manche arbeiten darauf hin, früher aufzuhören, andere sind zu einem früheren Ausstieg gezwungen, aber beide Varianten kommen meist nicht plötzlich, sondern kündigen sich langfristig an. Deshalb verstehe ich das mit dem Pensionsschock nicht. Ein Datum, das seit Jahrzehnten bekannt ist, löst einen Schock aus. Das ist ein Witz, ein Armutszeugnis und spottet jeder Lebenskunst.

Selbständigen, Freiberuflern, Unternehmern bleibt eine geniale Möglichkeit, dem Pensionsschock zu entgehen. Sie legen den Abschied aus dem aktiven Arbeitsleben mit dem Tod zusammen. Dann ist das Ende zwar ungewiss, aber trotzdem sicher und der Schock wird auf die Hinterbliebenen abgewälzt. Weil mit dem Tod des Inhabers nicht selten auch das Unternehmen am Ende ist: Er hat es versäumt, die Weichen für die Zukunft zu stellen. Nachfolger sind am »Prinz-Charles-Syndrom« eingegangen, haben »hingeschmissen« und sich etwas anderes gesucht. Auch das Schicksal des Unternehmers, der nicht loslassen kann und meint, er lebe ewig, zeugt nicht von Lebenskunst.

Auf der Hitliste von 43 kritischen Lebensereignissen erreicht die Pensionierung einen hervorragenden zehnten Platz. Etwas belastender ist die Heirat, die steht auf Rang sieben. Und wenn Sie jetzt denken, ich will Sie veralbern, liegen Sie falsch. Ausgangspunkt der sogenannten Life-Event-Forschung war die Beobachtung, dass bei kranken Menschen vor Ausbruch der Erkrankung oft Häufungen einschneidender Lebensereignisse vorkamen. Wenn es da Zusammenhänge gibt, müsste man doch umgekehrt vorhersagen können, welche kritischen Lebensereignisse für welche Krankheiten verantwortlich sind. Mit Selbstbeurteilungsbögen sollten Erwachsene aus einer Liste alle Ereignisse auswählen, die sie selbst schon erlebt hatten, und bewerten, wie belastend jedes einzelne Ereignis für sie war. Die empfundene Belastung sollten sie mit »Life-Change-Units« relativ zum Ereignis »Eheschließung« bewerten. Die Heirat als Vergleichsmaßstab wurde dazu mit dem willkürlichen Wert von 50 Lebensveränderungs-Einheiten gesetzt. Wie kann »der schönste Tag im Leben« ein belastendes Ereignis sein? Jede Veränderung, ob positiv oder negativ, bedeutet für uns Menschen Stress. Wir müssen uns an neue Bedingungen anpassen und das ist nicht immer einfach. Vor allem wenn sich Ereignisse häufen oder besonders belastende Ereignisse verkraftet werden müssen, schaffen manche die notwendigen Anpassungsleistungen nicht mehr und werden krank. Das Ergebnis der Selbstbeurteilungen war die Liste mit 43 Positionen. Die ersten drei Ränge nehmen Ereignisse ein, die früher oder später auf den schönsten Tag im Leben folgen: Das belastendste Lebensereignis, mit 100 Lebensveränderungs-Einheiten, ist der Tod des Ehepartners, gefolgt von der Scheidung (73 Einheiten) und der Trennung vom Ehepartner (65 Einheiten). Und auf Rang zehn, mit 45 Belastungseinheiten, folgt wie gesagt die Pensionierung und vielleicht hat das auch etwas mit der Ehe zu tun. Manche Partner bekommen Probleme miteinander, wenn sich ihre langjährige, eingespielte Feierabend-Ehe in eine 24-Stunden-Ehe, in die totale Ehe verwandelt (Smolka, 2001).

Übrigens hat kein Life-Event-Forscher einen Nobelpreis gewonnen. Es wurden zwar Aussagen versucht nach dem Motto: Wenn Sie die Belastungseinheiten für die Lebensereignisse der letzten zwölf Monate zusammenzählen und die Summe kleiner ist als 150, haben Sie ein relativ geringes Ausmaß an Veränderungen in Ihrem Leben zu verzeichnen und die Gefahr einer stressbedingten gesundheitlichen Störung ist gering. Würden Sie allerdings innerhalb von zwölf Monaten heiraten, sich gleich wieder scheiden und zusätzlich pensionieren lassen, wären Sie schon bei 168 Punkten, zusätzliche Punkte aus der Ereignisliste hätten Sie noch gar nicht berücksichtigt. Zwischen 150 und 300 Punkten soll eine gesundheitliche Störung in den nächsten zwei Jahren mit 50 Prozent Wahrscheinlichkeit eintreten. Bei über 300 Punkten erhöht sich die Eintrittswahrscheinlichkeit auf 80 Prozent. Erst einmal lässt sich mit so pauschalen Aussagen wenig anfangen. Auch über die Art der drohenden gesundheitlichen Störung gibt es keine Aussage. Außerdem hat sich herausgestellt, dass zusätzliche Faktoren für eine gelungene Anpassungsleistung sorgen. Das führt uns wieder auf unser ursprüngliches Thema zurück. Erstens kommt es auf die allgemeine persönliche Fitness an. Zweitens auf die eigenen Fähigkeiten, mit Stress umzugehen. Drittens ist entscheidend, welche Unterstützung Sie aus Ihrem beruflichen und privaten Umfeld für die Bewältigung kritischer Lebensereignisse bekommen. Wer aus seinem bisherigen Arbeitsdasein aussteigt oder umsteigt, muss mit neuen Gegebenheiten zurechtkommen. Einen Pensionsschock kann nur der erleben, der sich von diesem Ereignis völlig unvorbereitet auf dem linken Fuß erwischen lässt. In diesem Fall kann man, egal was die Life-Event-Forschung gebracht hat, Professor Stephan Zipfel von der Universität Tübingen zustimmen: »Wenn der Beruf allein als sinnstiftendes Element im Leben gesehen und keine Vorbereitung auf den Ruhestand getroffen wurde, dann steigt das Risiko, vor allem psychische und psychosomatische Krankheitsbilder wie Depressionen oder chronische Schmerzkrankheiten zu entwickeln« (Rytina, 2010).

Im Jahr 2010 verkündete die deutsche Bundesarbeitsministerin: »Wir sind das Land des langen Lebens.« Diese Aussage ist falsch, aber so etwas kann einem Politiker schon einmal passieren. In Wahrheit ist das Land des Lächelns das Land des langen Lebens. Japanern vergeht das Lachen etwa drei Jahre später als den Deutschen. Recht hat die Arbeitsministerin mit der Aussage, vor 50 Jahren habe ein Ruheständler im Durchschnitt zehn Jahre lang seine Rente bezogen. Heute seien es 18 Jahre. Was wollen Sie mit diesen 18 Jahren anfangen? Der Amerikaner Robert C. Atchley prophezeit Ihnen, welche Phasen Sie durchlaufen werden (Atchley, 1976):

1. Es geht los mit einer indifferenten, aber eher positiven Einstellung zum Ruhestand im mittleren Erwachsenenalter. Der Ruhestand wird aus sicherer Entfernung zu einer Art Dauerurlaub verklärt.

2. Kurz vor der Pensionierung kommen Ängste und Befürchtungen hoch. Man entwirft Zukunftsszenarien, aber eher romantisierende und unrealistische.
3. Dem Berufsende folgt eine Euphoriephase, eine Art Honeymoon. Frischgebackene Ruheständler genießen die Freizeit, unternehmen Reisen und starten alle möglichen Geschäftigkeiten.
4. Bald kommt die Ernüchterung und Niedergeschlagenheit. Es wird klar, dass sich die kommenden Jahre nicht in ewiger Freizeit und andauerndem Urlaubszustand verbringen lassen, dass auch das Leben im Ruhestand Sinn, Herausforderungen und eine Struktur braucht.
5. In einer Phase der Neuorientierung gilt es, sein Leben neu zu justieren und die kommenden Jahre sinnvoll zu gestalten.

Die Arbeit am Plan B, in sicherer Entfernung zur Pensionierung, verhindert einerseits eine überschießende Euphoriephase und den damit einhergehenden Honeymoon, erspart aber andererseits auch den darauf folgenden Katzenjammer. Der Plan B für die Karriere nach der Karriere erspart Ihnen die Angst vor einem drögen Lebensabend. Er wird Ihnen unterschiedliche Türen aufstoßen und verschiedene Entwicklungen anstoßen. Bevor Sie Ihre Hausaufgaben machen, können Sie im Vorfeld schon mal die grobe Richtung erforschen, in die Ihre Reise gehen könnte:

– Stehen Sie unter einer wirtschaftlichen Notwendigkeit, müssen Sie eine magere Rente aufbessern?
– Treibt Sie ein bestimmter Ehrgeiz, wollen Sie sich oder anderen noch einmal etwas beweisen?
– Treibt Sie die Neugier, wollen Sie etwas völlig anderes versuchen?
– Etwas Gutes tun?
– Spuren hinterlassen?
– Besitzen Sie Kapital, könnten Sie entspannt etwas Neues ausprobieren?
– Können Sie eine bisherige Nebentätigkeit ausbauen, mehr daraus machen, oder kann ein Hobby Ihrem Leben Sinn geben?
– Haben Sie eine Geschäftsidee, wollen Sie gleich wieder aus dem Ausstieg aussteigen und nach dem Ende Ihres Angestelltendaseins als »Silver Entrepreneur« die Selbständigkeit wagen?

- Wie sehen Sie Ihre Zukunft als bisheriger Unternehmer oder Freiberufler, wie lange wollen Sie in welcher Form weitermachen, welche Weichen stellen?
- Oder macht Ihnen Ihre Arbeit so viel Spaß, dass Sie einfach so weitermachen wollen wie bisher und keinen Plan B brauchen?

Mit dem Konzept des »Portfoliolebens« von Charles Handy (2007, S. 142 ff.) können Sie einige dieser Ideen unter einen Hut bringen: Gehen Sie nach der Pensionierung für ein Honorar oder eine Aufwandsentschädigung oder als Kleinstunternehmer oder ehrenamtlich einem buntgemischten Portfolio von Tätigkeiten nach.

Wenn Sie Ihren Abschied aus dem aktiven Berufsleben als Pensionsschock erleben, sind Sie dumm. Wenn Sie aus Ihrer Karriere nach der Karriere nichts machen, sind Sie unklug. Die Pensionierung und der Tod sind uns so sicher wie das Amen in der Kirche. Bei Unternehmern, die nicht aufhören wollen, treten beide Lebensereignisse gleichzeitig ein. Das ist nur dann traurig, wenn sie Nachfolger vergrault haben, einen Scherbenhaufen hinterlassen und Mitarbeiter auf der Straße stehen.

Wie sich der Ruhestand mit dem Tod kombinieren lässt

Irma Beuse, eine pensionierte Touristikerin, hat der Tod vor einigen Jahren auf eine Geschäftsidee gebracht. Ihr Mann war gestorben und mit Stricken und Lesen kam sie über die Trauer nicht hinweg. Eher halfen ihr Gesprächskreise in einer Hospizinitiative. Das brachte sie auf die Idee, ein Reiseunternehmen für Trauernde zu gründen: »Man wird sofort ganz alt, wenn man nichts tut. Man lehnt sich zurück, wird immer bequemer, dann kommen die Wehwehchen. Für solche Dinge habe ich gar keine Zeit.« Mit 74 hat sie mit ihrem Unternehmen den Break-even-Point erreicht. »Und wenn wir vom nächsten Jahr an auch noch Gewinne einfahren, hab ich in meinem Alter noch etwas auf die Beine gestellt« (zit. nach Grün, 2010, S. V2/11).

Die verhinderte Krise: Plan B

Jedes Krankenhaus hat ein Notstromaggregat
und einen Plan B für die Katastrophe.

Thorsten Hens

Es geht Ihnen gut. Sie gehen vorurteilsfrei und unbeschwert durchs Leben. Sind beruflich zufrieden. Ihr Job macht Ihnen Spaß. Ihr Beschäftigungsverhältnis ist ungefährdet. Sie sind nicht erstarrt. Bis zur Pensionierung ist es noch lange hin. Weit und breit keine Krise. Was wollen Sie dann mit diesem Buch? Vielleicht ist die fehlende Krise Ihr Problem. Möglicherweise gehen Sie an Chancen vorbei, weil Sie keine Krise aufschreckt. Diese Tragödie können Sie vermeiden, wenn Sie sich auf die Suche nach den schlummernden Schätzen machen, die in Ihrer biographischen Schatzkiste auf ihre Entdeckung warten.

Anfang Oktober werden einige Schriftsteller unruhig. Sie bleiben in der Nähe des Telefons. Doris Lessing war am 11. Oktober 2007, einem Donnerstag, beim Einkaufen.»Ich habe sie angerufen, niemand hebt ab.« Offensichtlich habe sie nicht auf den Anruf gewartet, erklärte der Sekretär der Schwedischen Akademie in Stockholm, Horace Engdahl, der sie über ihren gerade verliehenen Literaturnobelpreis informieren wollte. Mit diesem Preis ist das so eine Sache. Manche bekommen ihn nie, obwohl sie ihn verdient hätten. Bei anderen fragt man sich, warum sie ihn erhalten. Doris Lessing war keine Kandidatin und hat ihn trotzdem bekommen. Mit Einkaufstüten unter dem Arm ist sie am Donnerstagnachmittag von der Reportermeute vor ihrem Reihenhäuschen in London überrascht worden. Für mich sind allein zwei Sätze aus ihrem Buch »Unter der Haut«, das manche für ihr bestes halten, nobelpreiswürdig: »Die meisten Menschen leben vor sich hin und unterdrücken, ich würde mal sagen, neun Zehntel ihres Selbst oder lassen es schlummern. Für mich ist die größte Tragödie dieser Welt, das Schlimmste überhaupt: Begabungen, die nicht gefördert werden« (Lessing, 1994, S. 333).

Doris Lessing geht konform mit Ergebnissen der Glücksforschung. In der Zeitschrift »New Scientist« (zit. nach Frey u. Frey

Marti, 2010, S. 148 f.) wurden Schlüsse aus empirischen Untersuchungen gezogen, eine Hitliste der zehn wichtigsten »Glücklichmacher« daraus entwickelt und auf einer Skala von 0 bis 5 gewichtet. Der wichtigste Glücksbringer, mit den vollen fünf Punkten, ist die positive Umformulierung der von Doris Lessing beklagten Tragödie, die Förderung der eigenen Begabungen und Talente. Hier ist die Liste der zehn Schlüssel zum persönlichen Glück:

1. Nutze deine Gene so gut wie möglich (Gewicht 5).
2. Heirate (Gewicht 3).
3. Schließe Freundschaften und betrachte sie als wertvoll (Gewicht 2,5).
4. Begehre weniger (Gewicht 2).
5. Biete deinen Mitmenschen Hilfe an (Gewicht 1,5).
6. Sei religiös oder glaube an ein anderes System (Gewicht 1,5).
7. Höre auf, dein Aussehen mit dem anderer zu vergleichen (Gewicht 1).
8. Werde anmutig alt (Gewicht 0,5).
9. Verdiene mehr Geld – bis zu einem gewissen Punkt (Gewicht 0,5).
10. Mach dir keine Sorgen, wenn du kein Genie bist (Gewicht 0).

Die Realisierung des wichtigsten Glücksbringers und die Vermeidung der von Doris Lessing beklagten Tragödie ist zentraler Gegenstand dieses Buches. Die zwischenmenschlichen Beziehungen von Nummer drei sind eine Säule unserer Identität. Das haben wir im vorausgehenden Kapitel besprochen. Die Nummer vier ist eine Umschreibung der Tatsache, dass sich Lebenskünstler mit den richtigen Leuten vergleichen. Das ist ein Thema des nächsten Kapitels.

Krisen meistert man am besten, indem man ihnen zuvorkommt. Damit entgeht man den durch die verschiedenen Krisenvarianten ausgelösten Probleme. Wer Krisen zuvorkommen will, muss einen Widerstand überwinden und die Wichtigkeit der Dringlichkeit vorziehen. Das ist unüblich. Normalerweise gewinnt das Dringende und das Wichtige bleibt auf der Strecke. Das Wichtige drängelt nicht, es wartet so lange, bis es dringend wird, es hat Zeit, bis es zu spät ist. Denken Sie nur an die letzte Prüfung, die Sie absolvieren mussten. Solange der Prüfungstermin weit in der Zukunft liegt, die Prüfung nur wichtig, aber noch nicht dringend ist, beschäftigen wir uns mit allen möglichen Dingen, aber die Prüfungsvorbereitung gehört nicht dazu. Erst kurz vor knapp, wenn das Wichtige dringend wird, geraten wir in eine große Endterminhektik. Die Zeit rennt uns davon und wir laufen zur leistungsmäßigen Hochform auf. Bestehen die Prüfung mit Ach und Krach und schwören anschließend den Meineid: »Nie wieder, das nächste Mal fange ich früher an!«[10] Bei der Gestaltung Ihrer beruflichen Zukunft sollten Sie es mit Sebastian Kneipp halten: »Wer nicht jeden Tag etwas Zeit für seine Gesundheit aufbringt, der muss vielleicht eines Tages sehr viel Zeit für seine Krankheit opfern.« Investieren Sie Zeit in Ihren Plan B. Dann bleiben Sie Frau oder Herr des Geschehens und müssen keine Zeit für das Krisenmanagement opfern.

Wichtigkeit		Nicht so dringend.	Dringend!
	Wichtig!	Brandverhütung: sich um einen Plan B kümmern, solange es einem beruflich gut geht	Brände löschen: ohne Alternative in der Krise stecken, wenn es einen beruflich aus der Bahn geworfen hat
	Nicht so wichtig.	sich mit Belanglosigkeiten beschäftigen, die Zeit totschlagen	im hektischen Tagesgeschehen auf- und untergehen

Dringlichkeit

Abbildung 4: Plan B – das Wichtige dringend machen, bevor es zu spät ist

Sich rechtzeitig einen neuen Job angeln

Mit seinem Plan B hat er es im Juli 2009 auf das Focus-Titelbild gebracht. Der gelernte Bankkaufmann und Betriebswirt Christian Rademann (38) war acht Jahre lang in der IT-Branche tätig. Nachdem seine Firma an Siemens verkauft worden war, begann eine Phase der Unsicherheit, wie es mit der Tochtergesellschaft bei der großen Mutter weitergeht. Statt darauf zu warten, ob ihn eine mögliche Krise einholt, hat er seinem Berufsweg eine neue Richtung gegeben. Nicht zuletzt auch wegen seinem latenten Wunsch, »eine Alternative zur Informationstechnik zu finden, der es an Greifbarkeit fehlt« (S. 94). Bei einem Unternehmen für Angelruten, Angelrollen und Angelschnüre hat der Umsteiger den gesuchten Job zum Anfassen gefunden. Er verdient weniger und ist zufriedener als vorher.[11]

Was Ihr Kopf mit Ihnen
anstellt und wie Sie das ändern

Die Welt findet im Kopf statt. Die Reduzierung eines Un-
behagens an der beruflichen Situation beginnt im Kopf.
Für die Entwicklung beruflicher Alternativen braucht es
Köpfchen, nämlich Ihres!

Was bilden Sie sich eigentlich ein?

Der Fisch stinkt vom Kopf her.
Sprichwort

Haben Sie schon mal in eine Zitrone gebissen?

Zu einer Forelle blau gehört etwas Zitronensaft. Dazu schneiden Sie eine Zitrone mit einem scharfen Messer in der Mitte durch. Dann nehmen Sie das Messer, an dem der Zitronensaft heruntertropft, schneiden die Hälfte noch einmal durch und bekommen Viertel. Aus den Vierteln produzieren Sie Achtel. So viele Achtel brauchen Sie gar nicht für die Forelle, deshalb nehmen Sie einen Zitronenschnitz zwischen Daumen und Zeigefinger, beißen kräftig hinein und saugen den Zitronensaft aus. Hoppla, lieber Leser. Was ist plötzlich in Ihrem Mund los? Zieht sich da etwas zusammen? Läuft Speichel zusammen? Oder beides? Sie haben ein komisches Gefühl im Mund, obwohl Sie sich das mit der Zitrone nur einbilden. Was stellt Ihr Kopf mit Ihnen an?

Das Modell

Er sei auf einen der bedeutendsten Gedanken gestoßen, der ihm je begegnet wäre, jubelt der amerikanische Zeitmanagementguru und Bestsellerautor Stephen Covey. Er hat wohl noch nie daran gedacht, in eine Zitrone zu beißen, sonst wüsste er, dass der Gedanke, der ihn so beeindruckt, nur zur Hälfte stimmt. Hier ist seine revolutionäre Erkenntnis: »Zwischen Reiz und Reaktion liegt ein Raum. In diesem Raum liegt unsere Macht zur Wahl unserer Reaktion. In unserer Reaktion liegen unsere Entwicklung und unsere Freiheit« (Covey, Merrill u. Merrill, 1994, S. 59). Für den Zoologen Björn Brembs ist das nichts anderes als die Willensfreiheit. Dabei »geht es im Wesentlichen um die Fähigkeit, in der gleichen Situation unterschiedlich zu handeln – also auf bestimmte Reize mal so, mal anders zu reagieren, oder auch spontan zu handeln, wenn es gar keinen äußeren Anlass gibt.«[12] Wie Sie gerade beim gedanklichen Biss in den eingebildeten Zitronenschnitz feststellen konnten, ist es mit der Macht zur Wahl unserer Reaktion nicht immer so weit her. Jetzt besteht aber die Welt nicht nur aus Zitronen und wir nicht nur aus biologischen Reaktionen. Normalerweise gehört uns der Raum zwischen Reiz und Reaktion und diese Erkenntnis sollten Sie sich klar machen, damit Sie sich diese Macht nicht aus der Hand – aus Ihrem Kopf – nehmen lassen. Sonst macht diese Macht mit Ihnen, was Sie vielleicht gar nicht wollen.

Was läuft in unserem Kopf ab und was »reizt« uns? Mit Reiz meinen die Psychologen alle Ereignisse, Situationen, Herausforderungen, die uns unter die Augen kommen. Manche sagen zum Reiz auch Gegebenheit oder Geschehen. Wir reagieren dauernd auf alle möglichen Gegebenheiten. Bevor wir handeln, geschieht etwas in unserem Kopf. Der Kopf registriert die Situation, deutet sie und sagt uns, mit welchem Verhalten wir auf die Gegebenheit sinnvoll reagieren. Dazu stehen ihm alle möglichen Programme für alle möglichen Verhaltensvarianten zur Verfügung. Diese mentalen Programme enthalten Muster für die Deutung der Ereignisse und Leitlinien für das angesagte Verhalten. Wie wir uns verhalten, ob uns das Ereignis kalt lässt oder ob wir reagieren und wie heftig, hängt vom Ergebnis der Deutung ab. Die mentalen Programme bestehen aus Einstellungen, Überzeugungen, Erwartungen. Die haben uns unsere Erziehungsagenten eingeimpft und wir selbst haben sie uns beigebracht oder aus positiven und negativen Erfahrungen abgeleitet. Jetzt sind wir bei der Idee, die Covey so beeindruckt hat: Wie wir uns verhalten und was als Ergebnis unseres Verhaltens geschieht, wird nicht vom tatsächlichen Ereignis bestimmt, sondern von der Einstellung, die wir zum Ereignis haben. Das Ereignis, die Gegebenheit ist neutral. Es steht in unserer Macht, was wir daraus machen. Durch unseren Kopf wird aus dem Ereignis eine Chance, eine Herausforderung, ein Problem, eine Krise, eine Katastrophe. Nicht das Ereignis fordert, freut, ängstigt oder ärgert uns, sondern der Kopf. »In Ängsten findet manches statt, was sonst nicht stattgefunden hat«, weiß der begnadete Amateurpsychologe Wilhelm Busch.

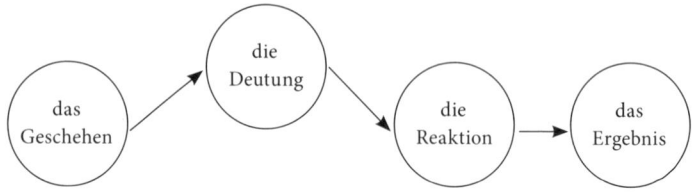

Abbildung 5: Die Bedeutung der Deutung

»Weil wir nur das Ergebnis betrachten, denken wir oft, ein Geschehen hätte das Ergebnis ›verursacht‹, aber dabei übersehen wir unsere Deutung und unsere Reaktion. Wenn Sie dieses Prinzip verstanden haben, können Sie Ihre Gedanken und Handlungen verantwortlich lenken« (Rowshan, 1999, S. 359). Schön wär's, wenn wir unsere Gedanken und Handlungen immer verantwortlich lenken könnten. Leider machen die Gedanken manchmal mit uns, was sie wollen. Wir strapazieren ja nicht bei jeder alltäglichen Situation unser Gehirn wegen der angemessenen Reaktion. Das erledigt normalerweise unser Autopilot für uns, der leistet die Hauptarbeit der Lebenslenkung, vieles läuft automatisch, wir müssen nicht darüber nachdenken. Das ist äußerst praktisch und erleichtert das Leben, kann aber ein Problem werden, wenn sich das mentale Programm verselbständigt und wir in einer bisher bewährten Weise auf Situationen reagieren, in denen ein anderes Verhalten besser gepasst hätte. Manchmal ist es besser, wenn wir den mentalen Autopiloten aus- und unseren Kopf einschalten. Sonst macht das mentale Programm, was es will, und das muss für uns nicht immer gut sein. Halten wir fest: Nicht die Dinge entscheiden, was passiert, sondern unsere Vorstellungen von den Dingen. Vor unseren Vorstellungen müssen wir auf der Hut sein. Sie entwickeln ein Eigenleben und manchmal spielen sie sogar »verrückt«.

Antreiber und Glaubenssätze

Unser Deutungssystem, unsere mentale Programmierung ist eine Art persönliche Philosophie, die uns sagt, was wir gut oder schlecht finden, was wir tun oder lassen sollen. Diese Privatphilosophie steuert uns erfolgreich durchs Leben und kann uns in große Schwierigkeiten bringen. Für den beruflichen Erfolg beflügeln uns die sogenannten Antreiber. Die bestimmen, wie gut wir unseren Job machen und wie engagiert wir uns »reinhängen«. Wer antriebsmäßig unterbelichtet ist, kommt in der Leistungsgesellschaft unter die Räder. Wer übertreibt, bekommt Probleme mit sich selbst. Hier sind die gängigen Antreiber für den Berufserfolg in ihrer übertriebenen, selbstschädigenden Ausprägung:

– Der »*Sei-perfekt*«*-Antreiber* sorgt normalerweise dafür, dass wir ordentlich arbeiten und fehlerfreie Ergebnisse abliefern. In übertriebener Form legt er die Messlatte für die Beurteilung von Arbeitsergebnissen und für die Akzeptanz eigener Leistungen sehr hoch, zu hoch. Wir wollen die an uns gerichteten Erwartungen nicht nur erfüllen, sondern übertreffen. Erwarten das gleiche kompromisslose Perfektionsstreben auch von unseren Mitmenschen. Bekommen als Überperfektionist Probleme mit dem Delegieren, weil wir selbst alles am besten können. Entweder bessern wir die in unseren Augen unvollkommenen Ergebnisse der anderen nach oder machen alles am liebsten gleich selbst. Irgendwann wissen wir dann nicht mehr, wo uns der Kopf steht.

– Der »*Beeil-dich*«*-Antreiber* dominiert unseren Umgang mit der Zeit. Natürlich können wir in der Leistungsgesellschaft als »Trödelsuse« oder »Trödelheini« nicht bestehen. Ein zu ausgeprägter »Beeil-dich«-Antreiber setzt uns unter Zeitdruck, treibt uns voran. Lässt uns schneller gehen, sprechen und handeln. Veranlasst uns, mehrere Dinge gleichzeitig zu tun. Wir zeigen Ungeduld, verbreiten Unruhe, produzieren Hektik und machen unsere Mitmenschen nervös.

– Unter dem »*Mach's-anderen-recht*«*-Antreiber* wollen wir herausfinden, was andere von uns erwarten, damit wir uns erwartungsgemäß verhalten können. Schließlich wollen wir von unseren Mitmenschen anerkannt und geliebt werden. Schlecht für uns, wenn wir darüber eigene Wünsche verdrängen und unsere Eigenständigkeit aufgeben. Wenn wir nicht Nein sagen können. Wenn andere über uns lachen und unsere übertriebene Hilfsbereitschaft, unsere Helferpest ausnutzen, ohne dass wir es merken.

- Für den »*Streng-dich-an*«-*Antreiber* ist die aufgewandte Mühe wichtiger als das erzielte Ergebnis. Leben ist Mühe und Plage!
- Der »*Sei-stark*«-*Antreiber* fordert Heldentum: die Zähne zusammenbeißen, Haltung bewahren, Vorbild sein. Sich keine Blöße geben und keine Gefühle zeigen, weil dies als Schwäche ausgelegt werden könnte. Das wird uns dann zum Verhängnis, wenn wir in Schwierigkeiten stecken und Hilfe bräuchten, aber keine Hilfe suchen, sondern lieber unsere Probleme verschleiern.

Was erlauben Sie sich!

Es macht einen Unterschied, ob wir bei kleinsten Schwierigkeiten aufgeben oder ob uns ein Antreiber anschubst, der uns sagt: »Streng dich an!« Ob wir vor Problemen sofort kapitulieren oder uns ein innerer »Sei-stark«-Antreiber mutig macht und zum Augen-zu-und-durch veranlasst. Nehmen allerdings manche Einstellungen fundamentalistischen Charakter an und geht der Realitätsbezug verloren, wird es problematisch. Hat sich so ein »Streng-dich-an«-Antreiber oder eine »Sei-stark«-Haltung verselbständigt, kann das mit dazu beitragen, dass Burnout-Probleme verdrängt werden. Je später aber nach Hilfe gesucht wird, desto schwieriger wird es und desto länger dauert es, aus diesen Problemen wieder herauszukommen. Bei der Therapie von Burnout-Patienten ist die Suche nach den bestimmenden inneren Antreibern ein wichtiger Ausgangspunkt. Bei der Erkundung, bei welchen Leitsätzen eine Kurskorrektur möglich ist, soll nicht das ganze Leben in Frage gestellt werden. »Denn die Leitsätze haben einen ja auch lange erfolgreich gemacht«, gibt die Therapeutin Beate Ketelhut zu bedenken.[13] Die von den Antreibern gesteuerten Verhaltenstendenzen sind in der Leistungsgesellschaft bis zu einem bestimmten Grad wünschenswert und karrierefördernd. Wenn sie uns aber in einen zu starken Zeit-, Leistungs- oder Anpassungsdruck treiben, müssen wir mit sogenannten »Erlaubern« gegensteuern:
- »Du darfst auch Fehler machen«, dir ausdrücklich erlauben, was ohnehin passiert. Alles perfekt machen wollen ist wirklich-

keitsfremd. Gut ist manchmal gut genug. Brauchbar ist oft besser als perfekt, weil es nicht so lange dauert.

– »Du darfst dir Zeit lassen«, musst dich nicht immer beeilen, du darfst den Augenblick genießen, auch einmal trödeln und dadurch innere Ruhe gewinnen. Besser eine halbe Stunde umsonst gedacht als einen halben Tag umsonst gearbeitet!

– »Du darfst es auch dir recht machen.« Man kann es ohnehin nicht allen Leuten recht machen, muss deshalb nicht immer Ja sagen. Unser persönlicher Wert hängt nicht nur vom Urteil anderer Menschen ab.

– »Du darfst es gelassener tun«, musst dich nicht immer enorm anstrengen, darfst auch mal eine Pause machen und schaffst es trotzdem. Um Probleme zu lösen, muss man sich manchmal vom Problem lösen.

– »Du darfst offen sein«, auch Schwächen und Gefühle zeigen, das macht dich menschlich.

Kognitive Irrtümer

Die Grenze zwischen Antreibern und Glaubenssätzen ist fließend. Antreiber bestimmen, wie wir mit der Arbeit, der Zeit und unserem beruflichen Umfeld umgehen und welchen Stress wir uns bei einer Übertreibung einhandeln. Auch die Glaubenssätze bestehen im Normalfall aus realistischen Gedanken über die an uns gestellten Anforderungen und den eigenen Bewältigungsmöglichkeiten. Sie stellen aber bei einer unrealistischen Ausprägung den eigenen Selbstwert in Frage. Es macht einen Unterschied, ob ich glaube: »Im Beruf, im Verein, in der Familie muss ich die Dinge immer voll im Griff haben, sonst bin ich ein Versager und kann das Leben nicht genießen.« Oder ob ich denke: »Es ist unmöglich, die Dinge im eigenen Umfeld immer voll im Griff zu haben; die Welt ist voller Unsicherheit und trotzdem kann ich das Leben genießen.« Die unrealistische Überzeugung »Ich muss alles voll im Griff haben, sonst kann ich das Leben nicht genießen« wirkt sich fatal aus, wenn meine Berufsprobleme durch Ursachen ausgelöst werden, auf die ich keinen Einfluss habe. Diese falsche und selbstschädigende Bewertung von Ereignissen produziert kognitive Irrtümer (Schröder-Wilfer, 2004, S. 395). Um nicht das Opfer unrealistischer Glaubenssätze zu werden, sollen wir in entsprechenden Situationen mit uns diskutieren, die negativen Überzeugungen in Frage stellen und andere Erklärungen suchen. Die folgenden Fragen können hilfreich sein:

– Was hat das mit mir zu tun?
– Was habe ich falsch gemacht?
– Kann man das auch weniger destruktiv sehen?
– Ist es wirklich so wichtig?

Wir müssen unsere Selbstbezogenheit reduzieren. Uns sagen, dass wir nicht für alles verantwortlich sind, was passiert. Dass nicht alles, was schief geht, unser eigenes Versagen ist, sondern es auch den Zufall und das Schicksal gibt. Für unser Selbstwertgefühl macht es einen großen Unterschied, ob wir uns die Schuld für einen Jobverlust selber in die Schuhe schieben, obwohl eine Wirtschaftskrise oder Missmanagement oder beides dafür verantwortlich ist. Oder ob ich mich auf den Standpunkt stelle: »Entlassen werden ist die Art des Universums, dir zu sagen, dass du etwas anderes machen sollst.«[14]

Der Fisch stinkt vom Kopf her, weil im Kopf das leicht verderbliche Hirn liegt. In unserem Kopf sitzt ein mentales Programm, das manchmal mit uns macht, was es will. Diesen Autopiloten müssen wir auch mal abschalten, sonst fliegen wir am Ziel vorbei. Erst nach 240 Kilometern haben zwei Piloten einer Passagiermaschine mit 144 Passagieren und fünf Besatzungsmitgliedern umgedreht, nachdem sie über den Flughafen Minneapolis hinweggeflogen waren, statt planmäßig zu landen. Sie hätten wegen einer hitzigen Debatte die Aufmerksamkeit verloren, gaben sie an. Aber vermutlich waren sie eingeschlafen.

Die Erleuchtung

Möglicherweise war Gerd Paffé bereits von Geburt an ein heller Kopf. Allerdings befand er sich beruflich zunächst auf dem Holzweg, absolvierte eine Schreinerlehre. Weil er aber vom Licht immer schon fasziniert war, hat er sich nebenbei autodidaktisch in Sachen Beleuchtung weitergebildet und ist zufällig beim Münchner Lichtdesigner Ingo Maurer gelandet. Dort ist er 13 Jahre geblieben, zuletzt war er für größere Projekte zuständig. Vor 13 Jahren hat er dann sein eigenes Planungsbüro gegründet. Inzwischen »ist der 51-Jährige ein höchst erfolgreicher Lichtplaner, eine Art Großmeister der Beleuchtung, vielfach ausgezeichnet, international tätig und auch im Berufsverband engagiert«, obwohl er sein Plan-B-Betätigungsfeld nie studiert hat. Mit sieben Mitarbeitern wickelt er Projekte auf der ganzen Welt ab. Motto: »Licht muss behutsam eingesetzt werden, damit es die Architektur unterstützt und nicht deformiert« (Kotteder, 2011, S. 44).

In Ängsten findet manches statt,
was sonst nicht stattgefunden hat

Ich habe viel Schreckliches erlebt,
doch das Meiste davon
ist zum Glück nicht eingetreten.

Mark Twain

Dumm gelaufen

Möglicherweise leiden Sie unter einem dummen Problem: Sie sind einerseits zu clever und andererseits nicht clever genug. Es ist ja prima, wenn Sie klug, sensibel, wachsam und mit Phantasie gesegnet sind. Aber ein Dummer kommt angstfreier durchs Leben. Dem droht eine Krise, aber er merkt es gar nicht und geht fröhlich und unbeschwert seinen Weg. Tritt die Krise tatsächlich ein, hat er ein Problem. Bleibt sie aus, dann hat er überhaupt nichts mitbekommen. Sie dagegen malen sich in Ihrer sensiblen Phantasie alle möglichen Katastrophenszenarien aus. Das beschert Ihnen hausgemachten Stress. Die Katastrophen treffen nie ein, aber Ihre Cleverness reicht nicht aus, um die angstmachenden Vorstellungen als Hirngespinste zu entlarven und sich nicht verrückt machen zu lassen. Schade, dass wir Mark Twain nicht fragen können, wie stark ihn das nicht eingetretene Schreckliche belastet hat.

Es wird Ihnen nicht gelingen, dümmer zu werden. Deshalb müssen Sie die Lösung für den stressfreieren Umgang mit eingebildeten und realen Ängsten woanders suchen. Denken Sie an den Raum zwischen Reiz und Reaktion, der Ihnen gehört und der darüber entscheidet, was ein Reiz bei Ihnen auslöst. »Die Art, wie Sie das, was Ihnen widerfährt, deuten und einordnen, bestimmt darüber, wie Sie fühlen und handeln. Also übernehmen Sie zunächst einmal Verantwortung für Ihre Gedanken. Sie haben vielleicht keine Macht darüber, was Ihnen widerfährt, aber wie Sie reagieren, das liegt in Ihrer Verantwortung.« Diese Formulierung von Arthur Rowshan (1999, S. 36) hört sich nach einem chinesischen Sprichwort an. Dort wird der Rat etwas anschaulicher formiert: »Du kannst nicht verhindern, dass die Vögel der Besorgnis über deinem Kopf kreisen. Aber du kannst verhindern, dass sie sich in deinem Kopf ein Nest bauen« (zit. nach Nuber, 2002, S. 24).

Vielleicht hilft Ihnen die Einsicht, dass es oft anders kommt als befürchtet, auch beim entspannteren Umgang mit Krisen. Einerseits können Sie Krisen mit einem Plan B zuvorkommen. Ist Ihnen das nicht gelungen oder haben Sie das versäumt, können Sie versuchen, einer Krise, wenn sie schon da ist, positive Seiten abzugewinnen. Krisen entlarven oft, was alles schief gelaufen ist: »Tja, diese Erkenntnis hätte man auch früher und vor allem billiger haben können. Aber es hilft nichts, nun ist eben Krise, und sie nagt an uns, beständig, hartnäckig. Sie nagt am Vermögen. Am Arbeitsplatz. Am Selbstwertgefühl. Sie verpasst dem Leben vieler Menschen einen radikalen Bruch, so verdammt radikal, dass bei nicht wenigen die Existenz auf dem Spiel steht. Die Krise konfrontiert jeden Einzelnen, mal früher, mal später, mit dieser einen Frage: Wie will ich leben?« Alexander Mühlauer und Hannah Wilhelm (2009) formulieren das zwar mitten in der Wirtschaftskrise und meinen diese auch, aber ihre Aussagen gelten für alle möglichen anderen Krisen, die über uns hereinbrechen. »Es gibt Menschen, die mit neuartigen oder unlösbaren Situationen umgehen können, die blühen auf«, sagt die Psychologin Jeanne Rademacher von der Universität Magdeburg, »solche Menschen sind gesegnet« (zit. nach Mühlauer u. Wilhelm, 2009). Schön für Sie, wenn Sie zum Kreis der Gesegneten gehören und Krisen mit der richtigen Einstellung bewältigen können.

Jedem Anfang wohnt ein Zauber inne

Welche Einstellung haben Sie zum Neuen? Sind Sie dafür aufgeschlossen, besteht für Sie die Welt aus Möglichkeiten, die es aufzuspüren und zu nutzen gilt? Oder haben Sie Angst vor dem Neuen, meiden Sie es? Sehen Sie Ihr Leben als schicksalsgegeben an, arrangieren Sie sich mit den Gegebenheiten, auch wenn Sie unzufrieden damit sind? George Bernard Shaw meint im Roman »Frau Warrens Gewerbe«: »Menschen geben für das, was sie sind, immer den Umständen die Schuld. Ich glaube nicht an Umstände. Die Menschen, die es in dieser Welt zu etwas bringen, sind die, die sich aufmachen und nach den Umständen suchen, die sie wollen, und wenn sie sie nicht finden können, dann schaffen sie sie sich selbst.«

»Immer wenn ich etwas Neues habe anfangen können, war ich zufrieden. Immer aufs neue Dilettant sein, das gefällt mir«, sagt Luciano De Crescenzo.[15] Er hat mit 49 Jahren seine Karriere als Ingenieur, Programmierer, IBM-Manager hingeschmissen und sich getraut, erfolgreicher Schriftsteller, Talkmaster, Schauspieler und Regisseur zu werden. »Jedenfalls muss man etwas ändern, und das zum rechten Zeitpunkt, im richtigen Alter, Mitte Vierzig etwa. Und radikal muss man es tun, nicht nach dem Motto, bis jetzt habe ich bei VW gearbeitet, jetzt ändere ich alles und gehe zu Ford. Man muss den Mut haben, etwas anderes anzufangen.« Er hat leicht reden, mit seiner italienischen Lockerheit und seinem Talent zum Schreiben. Was macht der nicht von der Muse geküsste Mensch? Die Antwort: »Es geht nicht um die Fähigkeiten. Es geht um die Neugier«. Und man muss Risiken eingehen. Die gibt es auch, wenn ich dort bleibe, wo ich bin, und bleibe, was ich bin. Luciano De Crescenzo kennt keinen, der einen Neuanfang gewagt hat und sich nachher nicht besser gefühlt hätte.

Ich kenne einen. Er war unzufriedener Mitarbeiter in einem großen Chemiekonzern in Ludwigshafen am Rhein. Hat den Sprung in den Plan B, in die Selbständigkeit, gewagt und ein Ingenieurbüro gegründet und eines Samstags auf dem Markt seinen früheren Chef getroffen. »Wie geht's?«, hat der gefragt. »Wenn ich ehrlich sein soll, nicht so gut«, war die Antwort. Jetzt ist er wieder Mitarbeiter im großen Chemiekonzern. Es geht ihm besser als vorher: Das diffuse Unzufriedenheitsgefühl des verhinderten Selbständigen ist weg, er hat seine Grenzen getestet und sich bewiesen, dass er zum freiberuflichen Ingenieur nicht geschaffen ist.

Kein Risiko ist das größte Risiko

Wie stehen Sie zum Risiko? Bleiben Sie auf der sicheren Seite, scheuen Sie mögliche Fehler, vermeiden Sie Unsicherheit? Oder sind Sie ein risikobereiter Schrankentester? Testen und erschließen Sie sich Fähigkeiten, die Sie bisher nicht genutzt haben. »Wir finden nie heraus, was wir nicht erreichen können, außer wenn wir uns bemühen, es nicht zu versuchen« (Weick, 1995, S. 212). Schranken sind trügerische Schlussfolgerungen, sie gründen eher auf Mutmaßungen als auf Aktionen. Unser Wissen um unsere Grenzen beruht nicht auf Fähigkeitstests, sondern auf der Vermeidung von Tests. Auf der Grundlage unterlassener Versuche vermuten wir, dass es in der Umwelt Zwänge gibt und für unsere Talente Schranken existieren. Geht ein Versuch daneben, dann haben Sie es immerhin versucht und Ihre Möglichkeiten ausgelotet. Nicht nur im chinesischen Schriftzeichen sind Risiko und Chance miteinander verbunden. Das eine ist ohne das andere nicht zu haben. Jahrelange Sicherheit »versaut« den Menschen, macht ihn änderungsscheu, inflexibel, lässt ihn erstarren. »Unsicherheit ist ein wunderbarer Heimatort«, hat Heinrich Maria Ledig-Rowohlt sein Leben und seinen Beruf als Verleger beschrieben (Roeseler, 1992, S. 15). Er ist mit seinem Verlag unbekümmert und erfolgreich an mehreren Pleiten vorbeigeschrammt. Probieren Sie doch mal die Strategie von Ernst Schnabel aus: »Ich mache eigentlich nur Sachen, vor denen ich Schiss habe – die anderen sind ja langweilig.«[16] Er hat es damit immerhin zum Intendanten des Nordwestdeutschen Rundfunks gebracht.

Der Job des Personenschützers ist die Risikominimierung. »Die schlimmsten Unfälle passieren, wenn Leute sich zu sicher fühlen«, weiß auch der Industriekletterer, der an Fassaden oder Gebäuden herumturnt, wenn ein Gerüst nicht möglich oder zu teuer ist. Sicherheitsexperten beklagen Mängel im betrieblichen Krisenmanagement: »Was wir wirklich fürchten müssen, ist der Mangel an Furcht.« Objekt- und Personenschützer, Industriekletterer, Bergsteiger und betriebliche Unfallverhüter leben von der Risikominimierung. Außerhalb dieser Hochsicherheitstrakte gibt es erfolgreiches Leben nur durch Risikooptimierung. Im wahren Leben geschieht nichts ohne Risiko, passiert ohne Risiko gar nichts. Dort ist kein Risiko das höchste Risiko. Der amerikanische Schlagzeuger und Sänger David Moss liefert uns einige Pro-Risiko-Argumente (Moss, 1993, S. 34):

– Jede Handlung enthält eine Saat künftiger Handlungen.

- Das Eingehen eines Risikos kann Antworten auf Fragen liefern, die bislang keiner gestellt hat, Bedürfnisse befriedigen, die noch niemand formuliert hat.
- Was heute nicht funktioniert, wartet nur auf die richtige Konfiguration von Informationen, um morgen zu funktionieren.
- Auch ein gescheitertes Projekt ist erfolgreich, weil es künftigen Risiken einen Kontext schafft.

Es wäre schade, wenn bei Ihnen aus lauter Angst vor dem Neuen oder vor dem Risiko manches nicht stattfinden würde, was sonst stattgefunden hätte. Ersetzen Sie Ängstlichkeit durch Mut. Der darf auch etwas verwegen sein. Stellen Sie das Erschrecken über Ihre mutige Naivität, die Sie zum Testen von Schranken manchmal brauchen, erst einmal zurück. Lassen Sie es erst nachträglich zu. Sonst blockieren Sie Ihr Handeln. Im Lichte des Erfolges verkraften Sie das Erschrecken über Ihren Mut besser. Ein erfolgreicher Unternehmer sagt rückblickend: »Hätte ich damals schon geahnt, welche Schwierigkeiten auf mich zukommen, dann hätte ich erst gar nicht angefangen.« Ein Biotech-Start-up-Gründer meint: »Wenn ich damals gewusst hätte, was ich heute weiß, ich bin mir nicht sicher, ob ich es noch einmal wagen würde.«

Vom Fußballplatz auf die Gartenliege

»Als Torwart ging ich durch eine harte Schule mit vielen Rückschlägen. Doch als Sportler entwickeln Sie Willenskraft und lernen, Verantwortung zu tragen. Außerdem muss man immer wieder aufs Neue die Angst, die man hat, in Mut verwandeln.« Vor 20 Jahren verwechselte ein gegnerischer Spieler den Kopf von Bobby Dekeyser (46), damals Torwart bei 1860 München, mit einem Fußball. Der Sportinvalide musste sein Leben neu ordnen. Eine zufällige Begegnung brachte ihn auf die Idee, Gartenmöbel im Luxussegment herzustellen. Mit seinem Lebensmotto »Glaub an dich selbst« hat er, nach einigen mit Rückschlägen verbundenen Ängsten, aus seiner Geschäftsidee das 3000-Mann-Unternehmen Dedon entwickelt.[17]

Der Kopf ist rund,
damit das Denken die Richtung wechseln kann

Wenn ich über den Marktplatz gehe,
dann wundere ich mich,
wie viele Dinge es gibt,
derer ich nicht bedarf.

Sokrates

Probleme bewältigen wir mit zwei Hauptstrategien. Erstens unternehmen wir mentale Anstrengungen und verringern die innere Belastung. Wir geben dem Problem die angemessene Bedeutung und lassen nicht zu, dass uns unangemessene Vorstellungen stressen. Da Sie jetzt durchschauen, was in Ihrem Kopf vorgeht, können Sie gegensteuern. Sie wissen, dass ein Unglück, das man nicht mehr ändern kann, letztlich so schwer ist, wie man es nimmt. Lassen Sie auch nicht zu, dass Ihr Kopf aus Angst vor dem Neuen oder aus Risikoscheu Chancen ausbremst.

Die zweite Strategie zur Problembewältigung ist handlungsorientiert. Wir packen Probleme an und verändern die eigene Lage. Modifizieren den Plan A oder erstellen und realisieren einen Plan B. Wie groß allerdings der Handlungsspielraum ist, den wir uns zubilligen, hängt wieder von unserem Kopf ab. Da müssen wir vielleicht mit einigen liebgewordenen Vorstellungen aufräumen und uns mental umorientieren. Sonst verlassen wir nicht die trügerische Sicherheit unserer bisherigen Komfortzone. Sonst erschließen wir uns keine neuen Chancen oder suchen sie nur innerhalb der bisherigen Grenzen.

Seine Identität neu justieren

Warten Sie nicht auf eine Krise. Nehmen Sie lieber die Arbeit am Plan B zum Anlass, um über sich nachzudenken. Das bringt Ihnen zweierlei. Erstens kommen Sie der spannenden Frage »Wer bin ich?« auf die Spur und können, wenn Sie mit der Antwort nicht ganz glücklich sind, etwas ändern. Vielleicht geht Ihnen auf, wie stark Sie vom Urteil Ihrer Mitmenschen abhängig sind, wie stark Ihr Selbstbild am Gängelband der anderen hängt. Oder Sie erkennen Ihre Statusversessenheit und ärgern sich über die lächerliche Persönlichkeitsprothese, die in Ihrer Hofeinfahrt steht. Speist sich Ihr Identitätsgefühl überwiegend aus Ihrem öffentlichen Image, dann ist die Erschütterung groß, wenn Sie in berufliche Turbulenzen geraten. Ein Outplacement-Berater, der einen erzwungenen Abschied abfedern soll, sieht sich oft weniger als Entwicklungshelfer für einen Neustart, sondern wird als »Verheimlichungsagent« missbraucht, der dafür sorgen soll, dass während der Beratungszeit noch der Firmenwagen vor der Garage steht (Doehlemann, 1996, S. 41). Selbsterkenntnis ist der erste Weg zur Änderung. Sobald Sie sich für Ihr Selbstwertgefühl andere Quellen erschließen, sich von der übertriebenen Statussuche abwenden und sich auf die Sinnsuche machen, eröffnen Sie sich auch Tätigkeitsperspektiven, die Sie sonst ausgeschlossen hätten. Denken Sie bei den Säulen der Identität daran, dass der drittwichtigste Glücksbringer die Pflege sozialer Beziehungen darstellt. Wichtige Menschen des öffentlichen Lebens verraten bei ihrem Abschied aus dem aktiven Arbeitsleben unfreiwillig, auf wie viel Lebensglück sie während des gesamten Berufslebens verzichtet haben, wenn sie verkünden, dass sie sich jetzt endlich um das kümmern wollen, was die ganze Zeit zu kurz gekommen ist: um ihre Familie.

Sich dem Terror des Vergleichs entziehen

Ein großer Teil unserer Selbsterkenntnis entsteht aus dem Vergleich. Der wird zur Tyrannei, wenn wir unser Selbstwertgefühl von den falschen Kriterien ableiten. Viele Menschen sind deshalb keine Lebenskünstler, weil sie sich mit den falschen Leuten vergleichen. Wir nehmen unser Wohlergehen nicht absolut wahr, sondern im Vergleich mit unserem sozialen Umfeld. Weil wir eher scharf auf den Aufstieg sind als auf den Abstieg, nehmen wir uns gern Leute zum Vergleichsmaßstab, denen es ökonomisch besser geht als uns, obwohl wir uns besser mit Leuten vergleichen sollten, denen es nicht so gut geht wie uns. So stehen wir immer schlechter da als die anderen. Unser falscher Vergleich drängt uns in die

Rolle des Verlierers. Das ist vor allem für statusfixierte Menschen schwer zu verkraften. Deren Ego erträgt es kaum, wenn andere mehr haben. Ganz schlimm ist es, wenn es sich bei den Erfolgreichen, mit denen wir uns vergleichen, um Gleichgestellte handelt. »Es gibt kaum einen Erfolg, der schwerer zu ertragen ist, als der vermeintlich Gleichgestellter«, weiß Alain de Botton (2004, S. 57). Für ihn ist deshalb die Fixierung auf den ökonomisch begründeten Status der Inbegriff der Lebensverfehlung. Sein Rat: die emotionalen Glückserlebnisse den materiellen vorziehen und über unsere kosmische Bedeutungslosigkeit nachdenken. »Wenn es Ihnen nicht gelingt, den archaischen Drang zu zügeln, Ihren Erfolg ständig an dem Ihrer Mitmenschen zu messen, wird stets Ihr Glück weniger davon abhängen, wie viel Geld Sie haben, als vielmehr davon, wie viel Geld die anderen haben; und darauf werden Sie nie Einfluss haben« (Zweig, 2007, S. 270). Das führt zu einem Phänomen, das von Wirtschaftswissenschaftlern »hedonic treadmill« genannt wird.[18] Aus dieser Tretmühle der Lust kommen Sie nicht mehr heraus und deshalb würde man besser von einem Frust-Hamsterrad sprechen. Je stärker sich Ihr Selbstwertgefühl am Mehrwert gegenüber anderen orientiert, desto mehr müssen Sie erwirtschaften. Wenn Sie aber keine Identität jenseits des ökonomischen Vergleichs finden, verschließen Sie sich alternativen Chancen für ein befriedigendes berufliches Dasein. Zusammenfassend lässt sich mit Richard Layard sagen: »Ein Geheimnis des Glücks ist also, sich nie an Menschen zu orientieren, die erfolgreicher sind als man selbst« (Layard, 2005, S. 59).

Sideshifting

Konnte Sie Alain de Botton von Ihrer kosmischen Bedeutungslosigkeit überzeugen? Wenn nicht, gibt es noch eine Möglichkeit, wie Sie sich dem Terror des Vergleichs entziehen und der ausschließlich berufsbedingten Statuseinstufung entgehen. Probieren Sie es doch einmal mit Sideshifting, wenn Sie schon zur Gattung der Statussucher gehören und sich unbedingt von Ihren Mitmenschen abheben wollen. Sideshifting habe ich von Downshifting abgeleitet und meine damit, dass es nicht nur ökonomische Anker gibt, an denen man seine Bedeutung festmachen kann, um mit sich im Reinen zu sein und vor anderen bestehen zu können. Ersetzen Sie das Haben durch das Können. Streben Sie nach Könnerschaft, Spezialwissen, Expertentum auf dem Gebiet der Kultur, der Musik, der Kunst, des Sammelns. Klaus Werle spricht von einem Ersatz des »immer mehr« durch »immer besser« und nennt das Connaisseurtum (2010, S. 133). Jetzt können Sie Ihre Umwelt beeindrucken, weil Sie auf Ihrem Spezialgebiet, Ihrem Hobby, mehr wissen als die anderen. Zusätzlich ergeben sich daraus sogar Perspektiven für Ihren Plan B, mindestens als Nebentätigkeit. Oder zunächst als Nebentätigkeit, die Sie langsam zur Haupttätigkeit ausbauen. Übrigens können Sie Ihr außerökonomisches Profilierungsglück auch in der Politik, in der Bildung oder in philosophischen Bestrebungen versuchen. Vielleicht eröffnen sich sogar dort Berufsalternativen oder Perspektiven für legale Nebentätigkeiten.

Downshifting

Wenn es freiwillig geschieht, nennen wir es Herunterschalten. Findet es unfreiwillig statt, wird es eher als Abstieg erlebt. Aber auch in diesem Fall können Sie versuchen, das Beste aus der Situation zu machen. Das freiwillige Downshiften bedeutet herunterschalten in einen niedrigeren Gang. »Es handelt sich um eine Änderung des Arbeitstempos, eine Bewegung zu einem ausgeglicheneren Leben, ein Interesse an allen Aspekten der eigenen Identität« (Pahl, 1996, S. 22). »Begehre weniger« ist der viertwichtigste von den zehn Glücksbringern. Die Erwartungen zu senken, ist ein effektiver Weg, die eigene Lebenszufriedenheit zu erhöhen (Frey u. Frey Marti, 2010, S. 149). Man schaltet beruflich herunter, auch um den Preis eines geringeren Einkommens, wird ein Zeitpionier und tauscht Zeit gegen Geld. Vermeidet den Fehler einer falschen Nutzenschätzung. Wir schätzen den Nutzen von Geld, Macht, Einfluss und Status viel zu hoch ein. Viel zu niedrig dagegen die Freizeit und die Zeit für Familie und Freunde. Bei der Entscheidung für einen neuen Job soll man nach Frey und Frey Marti eine kritische und distanzierte Haltung einnehmen. Sich selbst verpflichten, keinen neuen Job nur wegen eines höheren Einkommens anzunehmen, wenn man dafür Nachteile wie einen längeren Arbeitsweg in Kauf nehmen muss. Sich unbedingt mit der Familie und Freunden beraten und Vor- und Nachteile der Entscheidung abwägen.

Vor allem wenn Sie mit Ihrem derzeitigen Plan A unzufrieden sind, sollten Sie bei den Überlegungen zum Plan B Ihre Einstellungen überprüfen und Ihre Ziele neu justieren. Und auch darüber nachdenken, ob Sie künftig weniger arbeiten und mehr leben wollen. Vielleicht finden Sie eine geistvollere und sinnhaftere Betätigung, wenn Sie Ihre materiellen Ansprüche reduzieren. Tut das jemand als Erfolgsverweigerung ab, sollten Sie ihn fragen, wie er Erfolg definiert. Der auf äußeren Erfolg Fixierte wird sich kaum auf seinen Lorbeeren ausruhen: »Er wird sich nach noch mehr Ruhm sehnen, mehr Aufmerksamkeit, mehr formaler Anerkennung. Ruhm ist der Ansporn zu beständiger Unruhe: Wir sind abhängig von der wankelmütigen Anerkennung der anderen. Im Gegensatz dazu kommt Zufriedenheit von innen: Sie beruht auf dem Bewusstsein einer gut ausgeführten Arbeit, aus der Gewissheit, unsere Leistungsfähigkeit, so gut wir konnten, eingesetzt zu haben. Erfüllung kann von jedem auf jeder Ebene der Gesellschaft erreicht werden: Sie kommt aus der Gewissheit, eine Arbeit gut erledigt zu haben; sie braucht kein Publikum« (Pahl, 1996, S. 21).

Mit der Downshifting-Strategie befinden Sie sich auf der Höhe der Zeit. Schließlich weiß der Schweizer Trendforscher Alain Egli, dass wir im »Age of Less« angekommen sind: »Die Rohstoffe werden knapp, das Vertrauen schwindet und der Konsum definiert sich neu. Verzicht, Bescheidenheit und Einfachheit sind im Kommen und eröffnen neue Möglichkeiten« (Egli, 2009, S. 1). Sie brechen aus dem westlichen Leistungskult aus. Der Verzicht ist kein Verlust, sondern befreit. Sie gewinnen Lebensqualität. Alain Egli beruft sich auf die amerikanische Zukunftsforscherin mit dem trendigen Namen Faith Popcorn, die das schon etwas früher mitbekommen hat. »Cashing Out« heißt die neue Lebensphilosophie im »Age of Less«: »Wir wollen Ballast abwerfen. Wir wollen einfacher leben. Wir wollen keine Angeber sein oder als wohlhabend erscheinen. Obendrein ist das auch noch gut für den Planeten und gut für die Seele, den ethischen Kompass.«[19] Nicht mehr wollen, dass sich das Leben nur um die Arbeit dreht, um das Anhäufen von Gütern. Das Leben interessanter und authentischer gestalten. Herunterschalten und die Befreiung von wirtschaftlichen Zwängen vergrößert den Suchraum für einen Plan B.

Auch »das die Wonnen der Gewöhnlichkeit suchende Selbst« kann sein Heil im Herunterschalten finden. Das weiß Martin Doehlemann aus seinen Studien über »gewinnende Verlierer«. Herausfordernde Berufe, die vom Rolleninhaber alles fordern, können zwar reizvoll sein, aber auf Dauer eine unzumutbare Belastung darstellen. »Unentwegt im Mittelpunkt der Aufmerksamkeit zu stehen, häufig hohen Anforderungen an problemlösendes Denken oder kreativen Ideenreichtum ausgesetzt zu sein, ist für den einen anregend und schmeichelhaft und für den anderen allzu einseitig oder überfordernd oder belästigend« (Doehlemann, 1996, S. 194). Statusgetriebene sehnen sich naturgemäß weniger nach den Wonnen der Gewöhnlichkeit. Dagegen wird Sinnsuchern eine zwar statushaltige, aber exponierte Lebenslage auf Dauer als ichunangemessen vorkommen. Doehlemann bringt das Beispiel eines aus den besten Bostoner Familien kommenden Juristen, der es nach einem erfolgreichen Harvard-Studium zum Staranwalt in einer renommierten New Yorker Kanzlei gebracht hatte, leider in all seinen Berufsjahren jedoch ziemlich unglücklich war. Erst mit seinem Plan B als Barbesitzer fand er seine Erfüllung und konnte die Wonnen der Gewöhnlichkeit genießen – sehr zum Verdruss seiner statusbezogenen Frau, die aus einer noch etwas älteren und vornehmeren Familie stammte als der neue Kneipenwirt. In einem zweiten Beispiel schildert Doehlemann, wie ein studierter Philosoph über den stressigen, aber ausgezeichnet bezahlten Job eines Werbetexters die Wonnen der Gewöhnlichkeit als Besitzer eines Fahrradladens samt Reparaturwerkstatt fand. Aussagen über die Reaktion einer statushungrigen Ehefrau fehlen in dieser Fallschilderung.

Nach den Wonnen der Gewöhnlichkeit sehnen sich nicht nur amerikanische Staranwälte und deutsche Werbetexter, sondern auch ganz normale Arbeitnehmer, die unter dem Druck einer Rundumverfügbarkeit leiden. Die Verweigerung kann eine Karriereeinbuße bedeuten und das kann unter dem Strich ein Gewinn sein. Gewinnende Verlierer zeichnen sich durch ein Plus an

Freiheit und an authentischer Lebensführung aus. Den Verlust an Einkommen, Abgesichertheit und Berufsprestige nehmen sie in Kauf.

Upshifting

Vielleicht wollen Sie nicht ausweichen oder herunterschalten, sondern Gas geben und vorankommen. Endlich das tun, was Sie immer schon tun wollten. Ihre wahre Berufung leben. Sich endlich trauen. Sich selbständig machen. Eine Geschäftsidee zum Laufen bringen. Den beruflichen Aufstieg in Angriff nehmen. Weil Sie sich in Ihrer bisherigen Tätigkeit nicht verwirklichen können, sich unter Wert verkaufen. Weil Sie wissen, dass in Ihnen das Potenzial für mehr steckt. Oder Sie haben sich von Hans Magnus Enzensberger anregen lassen und träumen vom unabhängigen Leben eines Freiberuflers. Seiner Meinung nach »lebt luxuriös, wer stets Zeit hat, aber nur für das, womit er sich beschäftigen will, und wer selbst darüber entscheiden kann, was er mit seiner Zeit tut, wie viel er tut, wann und wo er es tut« (Enzensberger, 1996, S. 117). Erfüllen Sie sich diesen Traum und sind Sie irgendwann freiberuflich oder unternehmerisch tätig, kann allerdings etwas ganz anderes herauskommen, als Sie geträumt hatten. Sie sind jetzt Ihre eigene Frau oder Ihr eigener Herr. Können die Zeit frei einteilen. Werden nicht mehr von einem bösen Arbeitgeber ausgebeutet. Sondern beuten sich ab sofort selber aus. Sie arbeiten mehr und verdienen weniger als vorher und sind trotzdem glücklicher. Untersuchungen zeigen, dass Selbständige zufriedener sind als Angestellte, obwohl sie im Durchschnitt weniger verdienen und mehr arbeiten. Die Gründe: Selbstandige können ihre Arbeit selbst gestalten, sind nicht in eine Hierarchie eingebunden. Sie ziehen einen nichtmonetären Nutzen aus der Unabhängigkeit, Autonomie, Flexibilität. Sie nutzen ihre eigenen Potenziale (Frey u. Frey Marti, 2010, S. 107). Ist nun ein ehemaliger Angestellter als Selbständiger eher up- oder eher downgeshiftet?

Im nächsten Kapitel geht es um kreatives Chancenmanagement. Das brauchen wir für Ihren Plan B. Ich kann Sie vorab schon einmal warnen, Kreativität ist eine äußerst banale Angelegenheit. Nehmen Sie nur die Definition: »Kreativität ist eine Problemlösung durch Neukombination bekannter Faktoren.« Schaffen Sie es allerdings, Bekanntes auf besondere Weise neu zu verknüpfen, ist das Ergebnis nicht mehr banal, sondern genial. So etwas ist dem amerikanischen Ehepaar Annette und Steve Economides gelungen und nebenbei passt zur Erfolgsstory sogar ihr Name griechischen Ursprungs. Die beiden haben einfach die bekannten Faktoren »sparen«, »auf Pump leben«, »schreiben« und »Wirtschaftskrise« neu kombiniert und werden als Stars in Talkshows herumgereicht. In ihrem Buch »America's Cheapest Family« erzählen sie von ihrer für Amerika untypischen Sparsamkeit, lange vor der Wirtschaftskrise.[20] Wie sie es als junges Ehepaar, er als Alleinverdiener und sie als Hausfrau, mit nach und nach fünf Kindern geschafft haben, mitten im amerikanischen Konsumrausch gut über die Runden zu kommen. Sie haben aus ihrer finanziellen Knappheit eine Tugend gemacht. Sich trotzdem oder gerade deshalb den Lebensstandard einer Mittelklassefamilie erhalten. Sogar ihr Häuschen abbezahlt, während ihre auf Pump lebenden Nachbarn unter der Schuldenlast zu ersticken drohten. Obwohl ihr Buch einige Jahre vor der amerikanischen Immobilienpleite herauskam, wurde es in kurzer Zeit ein Bestseller. Der bisherige Alleinverdiener konnte seinen Job an den Nagel hängen, seinen Plan B realisieren und – verstärkt durch die zwischenzeitlich ausgebrochene Wirtschaftskrise – den Leuten erklären, wie man sein Geld zusammenhält. Möglicherweise interessiert Sie das im Zusammenhang mit Ihren eigenen Downshifting-Überlegungen. Hier sind die zehn wichtigsten Economides-Spartipps:

1. Einkäufe planen. Spontankäufe bleiben lassen. Einkaufslisten schreiben und sich daran halten. Bevorzugt Sonderangebote kaufen.
2. Autos und Möbel gebraucht kaufen, Möbel zum Beispiel Leuten abkaufen, deren Häuser zwangsversteigert werden.
3. Alles bar bezahlen. Die Übersicht über die tatsächlichen Ausgaben bewahren, die leicht verloren geht, wenn man beim Kauf

nichts bezahlen muss, weil die Beträge erst später abgebucht werden.

4. So viel wie möglich selbst erledigen: Reparaturen, Autowaschen, Haareschneiden.

5. Dem Arzt kostenlose Musterpackungen von Medikamenten »abluchsen«.

6. Ferien nie in der Hauptsaison buchen. Auch Urlaub zuhause kann Freude machen, wenn man etwas unternimmt, was im Alltag keinen Platz hat.

7. Telefonkosten minimieren.

8. Energiekosten im Haushalt kontrollieren und reduzieren.

9. Mit Banken hart und beharrlich verhandeln, wenn es um Hypothekenzinsen geht.

10. Die günstigste Versicherung wählen.

Die siebenköpfige Familie darbt keineswegs. In ihrem Garten steht ein sieben Meter langes Motorboot. Das gehört einem befreundeten Arzt, dem der Platz zum Unterstellen fehlt. Dafür dürfen die Economides das Boot kostenlos nutzen. So haben alle Kinder auf einem nahegelegenen See Wasserski fahren gelernt. Die Eltern berichten stolz von einer Tochter, die bei ihrer High-School-Abschlussfeier eine gute Figur abgab, in einem tollen Kleid für 20 Dollar aus dem Secondhandshop. Von den strahlenden Augen des Sohnes, der bei einem Lagerverkauf einen Baseballschläger für zehn Dollar ergattern konnte, der im Laden 150 Dollar gekostet hätte. Werden Sie das auch schaffen, dass Ihre Tochter – jenseits des Kindergartenalters – in ein Secondhand-Kleid schlüpft?

»Der Reichtum eines Menschen steigt mit der Anzahl der Dinge, die er nicht braucht«, hat Henry Thoreau erkannt. Das Gleiche wusste Sokrates, der erste Downshifter, bereits etwas früher und die Economides haben aus dieser Erkenntnis zweieinhalbtausend Jahre später einen erfolgreichen Plan B in die Welt gesetzt.

Von der Finanzkrise über die Sinnkrise in die Berufsschule

Die vergangene Wirtschaftskrise war ein Konjunkturmotor für die Laufbahnberaterin Julia Funke (52) in der Finanzmetropole Frankfurt am Main. Die Finanzkrise hatte bei einigen Bankern eine Sinnkrise ausgelöst: »Was ich mache, ist so flüchtig, es bleibt nichts, am Abend weiß ich nicht, was ich den ganzen Tag getan habe.« Manchen wurde bewusst, wie sie in ihren Beruf hineingeschlittert sind. Sie wussten nicht so recht, was sie nach dem Abitur machen sollten, haben aus Verlegenheit BWL studiert und anschließend im Finanzwesen angeheuert. Ein von Julia Funke beratener Banker studiert jetzt Architektur, zwei sind inzwischen Lehrer für Wirtschaft an der Berufsschule. »Sie verdienen dort zwar sehr viel weniger, aber sie haben das Gefühl, etwas Sinnvolles zu machen.«[21]

Was in Ihnen steckt
und wie Sie das herausfinden

In Ihnen steckt mehr, als Sie glauben. In Ihrer biographischen Schatzkiste liegen Pfunde, mit denen Sie wuchern können. Gehen Sie auf
die Suche nach Ihren wahren Motiven, heben Sie Ihre Fähigkeits- und
Erfahrungsschätze. Erkennen Sie Ihre bestimmenden Werthaltungen.
Machen Sie mehr aus Ihren persönlichen Stärken.

Jetzt sind Sie dran!

Sie besitzen Talente und kennen sie nicht. Weil Ihnen das Talent zur Selbstreflexion fehlt. Diesen Zustand ändern wir. Der Ausgangspunkt für Ihren Plan B ist eine Eigenkapitalbilanz. Dazu braucht es eine Inventur. Die besteht aus einem Ressourcencheck. Aus den Ergebnissen entsteht Ihr Ressourcenportfolio. Jetzt bekommen Sie einen systematischen Leitfaden für Ihre Selbsterkundung und müssen zwei einfache Voraussetzungen mitbringen:

Erstens brauchen Sie ein persönliches Plan-B-Buch. Dort notieren Sie Ihre Erkenntnisse über sich selbst. Wer schreibt, der bleibt! Die einfache Version ist ein Schreibblock und ein schmaler Ordner, in den Sie die beschriebenen Seiten einheften. Sie können die Ergebnisse Ihrer Selbsterforschung auch in ein Notizbuch, ein Spiralbuch, einen Collegeblock oder eine Chinakladde schreiben. Wählen Sie als Format DIN A4, bei kleiner Schrift geht auch DIN A5. Natürlich reicht auch ein Schulheft. Aber da können negative Assoziationen hochkommen, wenn Ihre schulische Karriere keine Erfolgsgeschichte war. Die Selbsterforschung soll schließlich Spaß machen. Besorgen Sie sich am besten ein elegantes Notizbuch in Ihrer Lieblingsfarbe, mit Hardcover und genähter Rückenbindung. Sie sind sich doch etwas wert!

Zweitens ist es bei einigen Aspekten der folgenden Kapitel sinnvoll, wenn Sie ein kleines Kreativteam mobilisieren. Natürlich machen Sie das Meiste mit sich selbst aus, für den größeren Teil der Selbsterforschung brauchen Sie nur sich. Aber manche Einsichten gewinnen wir durch Rückmeldungen von anderen und allein wären wir vielleicht nicht drauf gekommen. Manches sieht aus einem anderen Blickwinkel ganz anders aus und die eigene Sicht wäre einseitig oder falsch gewesen. Außerdem kommen von anderen kreative Anstöße und wir allein hätten solche Ideen nicht gehabt. Das kleine Team kann neben Ihnen aus ein oder zwei oder drei Leuten bestehen. Überlegen Sie doch schon einmal, wer dafür aus Ihrem persönlichen Umfeld in Frage kommt, zum Beispiel der Partner oder jemand aus dem Kreis der Freunde, Bekannten oder Kollegen. Es sollte jemand sein, vor dem Sie Ihre Erwartungen für die Zukunft ohne Hemmungen ausbreiten können. Ein Chef oder ein Mitarbeiter ist da weniger geeignet, auch nicht ein Kollege, mit dem Sie im Konkurrenzverhältnis stehen. Ob älter oder jünger als Sie, ist egal. Eine Coaching-Ausbildung brauchen Ihre Sparringspartner auch nicht, der gesunde Menschenverstand genügt.

Einstieg: Der Fragebogen

Alle Menschen besitzen Talente –
aber sie wissen oft nicht, welche.

Louis van Gaal

Wir steigen in die Selbsterkundung ein. Zuerst spannen wir den
Bogen weit auf und »grasen« das ganze Feld Ihrer potenziellen
Ressourcen ab. Später beackern wir nacheinander die einzelnen
Parzellen. Auf der nächsten Seite finden Sie einen Fragebogen zu
ganz verschiedenen Aspekten Ihrer Person und Ihres Lebens. Aus
Ihren spontanen Antworten gewinnen wir wertvolle Hinweise
zum Thema: Wer bin ich, wo stehe ich und wo will ich hin? Bei der
Zusammenstellung des Fragebogens habe ich mich inspirieren las-
sen von Marcel Proust, Max Frisch, FAZ, SZ, Focus und verschiedenen Ratgebern zur Berufsfindung.

1. Aktivität

Bearbeiten Sie den Fragebogen

Beantworten Sie jede Frage mit mindestens einem Satz. Die Antworten dürfen selbstverständlich auch umfangreicher sein. Schreiben Sie auf, was Ihnen zu jeder Frage spontan einfällt. Es gibt kein
Richtig oder Falsch, alles, was Ihnen durch den Kopf geht, ist es
wert, notiert zu werden.
Schreiben Sie Ihre Antworten in das **Plan-B-Buch** (oder auf einen
Zettel für den Plan-B-Ordner). Lassen Sie etwas Platz. Dann können Sie ergänzen, wenn Ihnen später noch ein zusätzlicher Gedanke kommt. Ihre Antworten werten wir in den folgenden Kapi-
teln nach und nach aus. Halten Sie deshalb alles fest, was Ihnen zu
den Fragen in den Sinn kommt.

Hier ist der Fragebogen:

1. Was ist für Sie das vollkommene irdische Glück?
2. Was ist für Sie das größte Unglück?
3. Wie lautet Ihr Lebensmotto oder gibt es eine Lebensweisheit, die Ihnen gut gefällt?
4. Für welche Lieblingsbeschäftigung springen Sie morgens aus dem Bett?
5. Was war ein Kindheitstraum? Was wollten Sie als Kind werden? Wer wollten Sie sein?
6. Was würden Sie am liebsten tun, wenn Sie völlig frei wären?
7. Auf welche Leistung sind Sie besonders stolz?
8. Was würden Sie gern tun, wenn Sie wüssten, dass es garantiert nicht schief gehen kann?
9. Welches Hobby würden Sie intensiver betreiben, wenn Sie viel Zeit dazu hätten?
10. Welche natürliche Gabe möchten Sie besitzen, welches Talent hätten Sie gern?
11. In welcher Firma wären Sie gern mal einen Monat Chef?
12. Aus welchem Schaden sind Sie klug geworden?
13. Wenn Sie ohne Geld in einem fremden Land stranden würden, wie könnten Sie sich zur Not durchschlagen?
14. Welches war der größte Misserfolg in Ihrem bisherigen Leben und was haben Sie daraus gelernt?
15. Wozu haben Sie sich überreden lassen und könnten sich bis heute darüber ärgern?
16. Welche Charaktereigenschaft schätzen Sie bei Ihren Mitmenschen am meisten?
17. Was verabscheuen Sie am meisten?
18. Was sagt man Ihnen nach?
19. Was gefällt Ihnen an sich besonders?
20. Was mögen Sie an sich gar nicht?
21. Was schätzen Ihre Freunde bei Ihnen am meisten?
22. Welches ist Ihr Hauptcharakterzug?
23. Wo hätten Sie gern einen Zweitwohnsitz?
24. Wessen Job hätten Sie gern?
25. Was ist Ihr Traum vom Glück?
26. Wenn Sie noch einmal ganz von vorn anfangen könnten, was wären Sie dann am liebsten?

Vom Schreiber zum Redner

So ein ausgefüllter Fragebogen wäre für Uwe Zimmer (66) als Vorlage für seine Trauerrede ideal. Dann müsste er nicht den von der Trauer überwältigten Hinterbliebenen Einzelheiten über das Leben des Verstorbenen aus der Nase ziehen. Noch schlimmer, wenn er hört: »Ich kenne meinen Vater nicht.« Wie in seinem früheren Beruf muss der Ex-Chefredakteur auch auf dem Friedhof überlegen, was er erwähnen kann und was nicht. Schon immer hat er sich mit Unglücken und dem Tod auseinandergesetzt. »Er bewarb sich bei einem Dachauer Bestatter und erhielt einen Auftrag. Seitdem wird er gebucht, wenn ein Priester nicht gewünscht ist« (Wirsching, 2010, S. 3). Durch den Plan B als Trauerredner kennt er nach seiner Pensionierung keine Langeweile und konnte vermeiden, ein Buch schreiben zu müssen.

Motive: Ernst nehmen, was Freude bereitet

Nimm ernst,
was dir Freude bereitet!

Charles Eames

Ohne Motivation geht gar nichts. Mit Motivation geht fast alles. Deshalb beginnen wir mit der Motivation und erkunden, was Sie wirklich von innen heraus antreibt.

---

2. Aktivität

Schreiben Sie drei Kurzgeschichten in Ihr **Plan-B-Buch** über Begebenheiten aus Ihrem beruflichen oder privaten Leben.

Sie haben sich erfolgreich mit etwas beschäftigt, etwas auf die Beine gestellt, bearbeitet, gebaut, gezaubert, gebastelt, organisiert, erledigt, fertiggestellt.

– Es hat einen Riesenspaß gemacht.
– Sie haben die Welt um sich herum vergessen.
– Sie haben nicht bemerkt, wie die Zeit verfliegt.
– Sie hätten endlos weitermachen können.
– Wenn Sie daran denken, bekommen Sie jetzt noch leuchtende Augen.
– Für so etwas springen Sie morgens jederzeit wieder aus dem Bett.

Auswertung: Überlegen Sie zu jeder Geschichte folgende Fragen und halten die Antworten im **Plan-B-Buch** fest:
– Was war das Besondere an dieser Aktivität?
– Was hat mich da angetrieben?
– Warum hat es mir so viel Spaß gemacht?
– Warum hätte ich endlos weitermachen können?

Filtern Sie aus den Antworten drei Schwerpunkte heraus, es dürfen auch zwei oder vier sein. Notieren Sie die im **Plan-B-Buch**:

Das sind meine Freudenbereiter:

1. _____

2. _____

3. _____

Warum gerade drei Schwerpunkte? Wir wollen uns bei der Erkundung Ihrer Ressourcen nicht in der Vielfalt verirren, sondern herausfinden, was Sie auszeichnet. In der originellen Kombination Ihrer wesentlichen Motive, Fähigkeiten, Erfahrungen liegt Ihre Einzigartigkeit und das ist die Basis für einen erfolgversprechenden Plan B. Auch bei den folgenden Aktivitäten konzentrieren wir uns auf drei Schwerpunkte und jedes Mal dürfen es auch zwei oder vier sein. Allerdings sind zwei besser als vier. Weniger ist mehr, weil sonst die Kombinationsmöglichkeiten ausufern.

Das Motivationskonzept von Steven Reiss

Nun sind Sie Ihren inneren Antriebskräften ein Stück weit auf die Spur gekommen. Auf diesem Fundament errichten wir jetzt sozusagen ein Fertighaus. Es gibt nämlich ein fertiges Motivationskonzept und Sie können Ihre eigenen Erkenntnisse damit vergleichen und verfeinern. Das Konzept stammt vom amerikanischen Psychologieprofessor Steven Reiss (Reiss, 2009). Der hat sich nach einer glücklich überstandenen lebensbedrohenden Krankheit gefragt, was seinem Leben Sinn gibt, was ihn antreibt. Das war der Ausgangspunkt für seine Motivationsstudien, die er und seine Mitarbeiter an 8.000 Frauen und Männern durchgeführt haben. Herausgekommen ist das sogenannte Reiss-Profil. Das besteht aus 16 Bedürfnissen und Werten, die unser Leben bestimmen. 16 Motive steuern unser Handeln und unsere Leistungsbereitschaft. Der Motivkatalog gilt für alle, aber jeder »tickt« anders. Wir sind unterschiedlich scharf auf jedes einzelne Motiv. Jeder hat so eine Art Fingerabdruck, ein unverwechselbares Motivprofil. Die entscheidende Frage lautet: Können Sie Ihre wichtigsten Motive ausleben und befriedigen? Wenn ja, geht es Ihnen gut. Sie sind zufrieden, wenn Sie das tun dürfen, was Sie gern tun, weil es Ihnen liegt. Psychologen würden sagen: Die intrinsische Leistungsbereitschaft stimmt. Wir sind unzufrieden und haben Motivationsprobleme, wenn wir uns verbiegen müssen, weil wir Dinge tun sollen, die nicht zu uns passen. Welche Motive sind Ihnen am wichtigsten? Welche Motive bedeuten Ihnen wenig? Wir streben danach, die am höchsten bewerteten Motive zu befriedigen, in der Arbeit, in der Familie, in der Freizeit. Wir sind glücklich und zufrieden, wenn uns das gelingt. Das sind die Motive:

- *Macht:* Streben nach Erfolg, Leistung, Führung und Einfluss.
- *Unabhängigkeit:* Streben nach Freiheit, Selbstgenügsamkeit und Autarkie.
- *Neugier:* Streben nach Wissen und Wahrheit.
- *Anerkennung:* Streben nach sozialer Akzeptanz, Zugehörigkeit, positivem Selbstwert.
- *Ordnung:* Streben nach Stabilität, Klarheit und guter Organisation.
- *Sparen:* Streben nach Anhäufung materieller Güter und Eigentum.
- *Ehre:* Streben nach Loyalität und moralischer, charakterlicher Integrität.
- *Idealismus:* Streben nach sozialer Gerechtigkeit und Fairness.
- *Beziehungen:* Streben nach Freundschaft, Freude und Humor.
- *Familie:* Streben nach einem Familienleben und danach, eigene Kinder großzuziehen.
- *Status:* Streben nach sozialer Anerkennung, Reichtum, Titeln, öffentlicher Aufmerksamkeit.
- *Rache/Wettbewerb:* Streben nach Konkurrenz, Kampf, Aggressivität und Vergeltung.
- *Sinnlichkeit:* Streben nach einem erotischen Leben, Sexualität und Schönheit.
- *Ernährung:* Streben nach Essen und Nahrung.
- *Körperliche Aktivität:* Streben nach Fitness und Bewegung.
- *Ruhe:* Streben nach Entspannung und emotionaler Sicherheit.

Die 16 Lebensmotive genauer betrachtet

Bei diesem ersten Überblick sind Sie von einigen Motiven mehr und von anderen weniger angesprochen worden. Für einen genaueren Einblick in Ihre Motivstruktur betrachten wir das Ganze etwas näher. Dazu folgt eine detailliertere Beschreibung der einzelnen Motive. Zusätzlich gibt es Aussagen, die eine persönliche Einschätzung ermöglichen.[22]

---

3. Aktivität

Bewertung der 16 Motive

Lesen Sie die Motivbeschreibungen und die darunter stehenden Aussagen.

Kreisen Sie rechts + oder links − ein, wenn mindestens eine der Aussagen auf Sie zutrifft.

Trifft nichts zu, dann kreisen Sie nichts ein.

Macht – Streben nach Erfolg, Leistung, Führung und Einfluss: Der Machtbewusste strebt nach Leistung und dem damit verbundenen Erfolg. Wird das Bedürfnis befriedigt, erlebt er Selbstwirksamkeit, wenn nicht, fühlt er sich hilflos und frustriert. Machtmenschen sind karrierebewusst und übernehmen gern das Kommando, statt sich sagen zu lassen, wo es langgeht. Sie sind nicht besonders scharf auf Aufgaben, mit denen kein Blumentopf zu gewinnen ist. Sie mögen es nicht, wenn sie zuarbeiten sollen, aber die Lorbeeren von anderen geerntet werden.

Schwaches Machtmotiv: Kein besonderer Ehrgeiz, man will andere nicht beeinflussen, ist nicht besonders leistungsmotiviert.

−		+
1. Ich bin nicht ehrgeizig und karrierebewusst.		1. Ich bin ehrgeizig und karrierebewusst.
2. Im Allgemeinen ordne ich mich eher unter.		2. Gewöhnlich übernehme ich das Kommando, statt mir sagen zu lassen, wo es langgeht.
Geführte		**Ehrgeizige**

Unabhängigkeit – Streben nach Freiheit, Selbstgenügsamkeit und Autarkie: Der Unabhängige möchte über seine Geschicke selbst bestimmen und verzichtet auf die Ratschläge anderer. Wird dieses

Bedürfnis befriedigt, fühlt er das Glück und die Freude der Freiheit, wenn nicht, fühlt er sich abhängig. Der Unabhängige erledigt Aufgaben gern allein, Teamarbeit liegt ihm nicht besonders. Er lässt sich ungern gängeln, möchte seine eigenen Ideen einbringen, hat Probleme mit akribischen Aufgabenstellungen in Befehlsform und pedantischen Terminvorgaben.

Schwaches Unabhängigkeitsmotiv: Sucht Beziehungen, hat nichts gegen Abhängigkeit von anderen, liebt Teamarbeit.

— 1. Ich bin stark an meinen Partner gebunden.	1. Selbst ist der Mann/ die Frau! +
2. Ich mag es nicht, wenn ich allein bin.	2. Ich kann auf die Ratschläge anderer verzichten.
Teamplayer	**Unabhängige**

Neugier – Streben nach Wissen und Wahrheit: Neugierige möchten den eigenen Wissensdurst befriedigen. Sie wollen etwas lernen. Neugierige Menschen bearbeiten hoch motiviert offene Fragestellungen, lieben intellektuelle Herausforderungen, haben gern viel Zeit zum Denken. Routineaufgaben gehen ihnen auf den Geist, Unterforderung ist tödlich.

Schwaches Neugiermotiv: Abneigung gegen geistige Betätigungen, nicht besonders wissensdurstig. Leute mit geringer Neugier-Ausprägung fühlen sich bei neuen Aufgaben und überraschend auftauchenden Problemen schneller überfordert. Sie rufen »hier«, wenn Routineaufgaben verteilt werden.

— 1. Ich mag keine geistigen, intellektuellen Aktivitäten.	1. Ich bin wissensdurstig. +
2. Ich stelle nur selten Fragen.	2. Ich denke viel darüber nach, was Wahrheit bedeutet.
Praktiker	**Intellektuelle**

Anerkennung – Streben nach Akzeptanz, Zugehörigkeit, positivem Selbstwert: Eine ausgeprägte Suche nach Anerkennung findet sich bei Menschen mit wenig Selbstbewusstsein und ist verbunden mit einer Überempfindlichkeit gegen Kritik. Der Mensch mit starkem

Anerkennungsmotiv mag leicht erreichbare Ziele, um ein Scheitern auszuschließen. Er gibt schnell auf, geht schwierigen Aufgaben mit unklarem Ausgang aus dem Wege.

Schwaches Anerkennungsmotiv: Man ist selbstbewusst, behauptet sich gern, kann gut mit Kritik umgehen.

–	1. Ich bin selbstbewusst und selbstsicher. 2. Auf Kritik reagiere ich meist völlig gelassen und unaufgeregt.	1. Ich habe große Schwierigkeiten, wenn man mich kritisiert. 2. Ich gebe oft auf.	+
Selbstbewusste			**Unsichere**

Ordnung – Streben nach Stabilität, Klarheit und guter Organisation: Menschen mit ausgeprägtem Ordnungsmotiv wollen alles organisieren, sind detailverliebt, stellen Regeln auf und halten sich daran. Bei fehlender Ordnung fühlen sie sich unsicher und in mehrdeutigen Situationen unwohl. Ein Ordentlicher mag keine unklaren Aufgabenstellungen nach dem Motto: »Machen Sie mal!« Er ist nicht besonders motiviert, wenn er in neuen Betätigungsfeldern aktiv werden soll, wo er sich nicht auskennt und für die es noch keine Regeln gibt.

Schwaches Ordnungsmotiv: Man ist unterorganisiert, flexibel, offen für mehrdeutige Situationen.

–	1. Mein Büro oder meinen Schreibtisch kann man meist wirklich nicht als ordentlich bezeichnen. 2. Ich mag es überhaupt nicht, Dinge planen zu müssen.	1. Ich bin besser organisiert als die meisten anderen Menschen. 2. Ich habe Regeln, die ich befolge. 3. Ich mag es, wenn die Dinge aufgeräumt sind.	+
Flexible			**Organisierte**

Sparen – Streben nach Anhäufung materieller Güter und Eigentum: Man ist sparsam und sammelt alles Mögliche, hebt Dinge auf und trennt sich ungern von seinen »Schätzen«. Sparer haben finanzielle Angelegenheiten im Griff.

Schwaches Sparmotiv: Man ist freigiebig bis verschwenderisch und hat kein Problem damit, Dinge wegzuwerfen.

— 1. Ich bin großzügig.
   2. Ein Sammler und Sparer
      war ich noch nie.
	1. Ich bin ein Sammler. +
	2. Viele halten mich für
	    einen Geizkragen.
	3. Geld ist für mich
	    noch wichtiger als für
	    die meisten anderen.

Großzügige	**Sammler**

Ehre – Streben nach Loyalität und moralischer, charakterlicher Integrität: Man will ehrlich leben, ist charakterfest, selbstdiszipliniert, prinzipientreu und traditionsbewusst.
Schwaches Ehremotiv: Nicht so wichtig ist, ob etwas moralisch richtig ist. Es geht eher darum, ob es einem etwas bringt.

— 1. Ich glaube, dass
    jeder sehen muss,
    wo er bleibt.
   2. Wenn ich ehrlich bin,
    kümmere ich mich
    kaum um moralische
    Fragen.
	1. Ich bin als prinzipien- +
	    treuer Mensch bekannt.
	2. Man schätzt meine
	    Loyalität.

Zweckorientierte	**Prinzipientreue**

Idealismus – Streben nach sozialer Gerechtigkeit und Fairness: Menschen mit ausgeprägtem Idealismus streben nach Gerechtigkeit und sind sensibel für soziale Fragen. Sie werden nie in einer »Drückerkolonne« arbeiten oder Mitarbeiter des Monats in einem Strukturvertrieb sein. Sie erstellen ungern Analysen, wenn sie befürchten, dass sich das Ergebnis negativ auf Kollegen auswirken könnte.
Schwache Ausprägung: Man konzentriert sich eher auf den engeren Bekanntenkreis und vermeidet es, sich im humanitären oder gesellschaftlichen Bereich zu engagieren.

— 1. Gesellschaftliche Fragen interessieren mich nicht. 2. Soziales Engagement bringt (mir) nichts.	1. Für einen guten Zweck bringe ich auch persönliche Opfer. + 2. Ich spende oder tue oft etwas für die Menschen, die es wirklich brauchen.
Realisten	**Idealisten**

Beziehungen – Streben nach Freundschaft, Freude und Humor: Gesellige Typen, mit stark ausgeprägtem Streben nach Beziehungen, knüpfen mit Freuden Kontakte, sind umgänglich und sozial kompetent. Sie haben in der Arbeit gern mit Menschen zu tun und erledigen ungern Aufgaben im stillen Kämmerlein.
Schwaches Beziehungsmotiv: Man verbringt seine Zeit bevorzugt allein, fängt selten ein Gespräch an, vermeidet öffentliche Auftritte, arbeitet lieber allein und geht nicht gern auf andere zu.

— 1. Ich lasse nur meine Familie und einige enge Freunde an mich heran. 2. Ich lebe eher zurückgezogen.	1. Ich brauche andere Menschen, um glücklich zu sein. + 2. Ich bin ein lebenslustiger Zeitgenosse.
Einzelgänger	**Gesellige**

Familie – Streben nach einem Familienleben und danach, eigene Kinder großzuziehen: Hat die Familie einen hohen Stellenwert im eigenen Motivgefüge, möchte man viel Zeit mit ihr verbringen, vor allem auch für die Kinder da sein. Familie und Kinder sind der Inbegriff von Glück. Das verträgt sich nicht mit Außendienst, Schichtarbeit, ausufernden Überstunden, Wochenendeinsatz oder langen Dienstreisen. Eine unbefriedigende Work-Life-Balance drückt auf die Stimmung und zieht die Motivation nach unten.
Schwaches Familienmotiv: Die Elternrolle ist eher eine Last, falls man überhaupt Kinder hat.

− 1. Meine Elternrolle empfinde ich häufiger, als mir recht ist, als belastend. 2. Ich bin kein Familien-mensch. **überzeugte Kinderlose**	1. Kinder und Kinder-erziehung gehören zu meinem Lebensglück. 2. Ich verbringe viel Zeit mit meinen Kindern. **Familienmenschen** +

Status – Streben nach sozialer Anerkennung, Reichtum, Titeln, öffentlicher Aufmerksamkeit: Nach Status und Prestige Strebende möchten wohlhabend, wichtig und bedeutend sein, in einer vornehmen Gegend wohnen und teure Autos fahren. Man ist darauf bedacht, andere zu beeindrucken. Der eigene Ruf ist einem wichtig. Man zeigt sich gern bei wichtigen Anlässen und mit berühmten Menschen. *Schwaches Statusmotiv:* Man ist bescheiden und lebt unauffällig, lässt sich von Reichtum und Ruhm nicht beeindrucken.

− 1. Die Reichen und die Schönen sind mir völlig egal. 2. Was andere von mir denken, interessiert mich nicht. **Bescheidene**	1. Ich mag eigentlich immer nur die besten und schönsten Dinge, ich mag Luxus. 2. Es gefällt mir, andere mit meinem Besitz zu beeindrucken und ihnen zu gefallen. **Elitäre** +

Rache/Wettbewerb – Streben nach Konkurrenz, Kampf, Aggressivität und Vergeltung: Man will sich im Wettbewerb durchsetzen, will andere hinter sich lassen, geht kaum einem Streit oder Konflikt aus dem Weg und hat Spaß an Auseinandersetzungen. *Schwaches Rachemotiv:* Man streitet sich ungern, geht Konflikten aus dem Wege, zeigt friedliches, freundliches, liebenswertes, ausgleichendes Verhalten.

− 1. Ich bin sehr viel seltener wütend oder ärgerlich als andere. 2. Ich stehe nicht gern in Konkurrenz oder im Wettbewerb mit anderen. **Kooperative**	1. Ich bin aggressiv und kann meine Wut oder meinen Ärger oft nicht kontrollieren. 2. Ich habe ein ausgeprägtes Konkurrenzdenken und hege häufig Rachegefühle. **Kämpfer** +

Sinnlichkeit – Streben nach einem erotischen Leben, Sexualität und Schönheit: Man strebt nach sinnlichem Genuss und einem sexuell erfülltem Leben und ist empfänglich für Ästhetik und Kunst.

Schwaches Erosmotiv: Eher asketischer Lebensstil, es wird wenig Zeit und Energie für Sex aufgebracht und wenig Wert auf Schönheit gelegt.

 — 1. Sexualität spielt bei mir eine untergeordnete Rolle.
2. Das Schöne und Romantische ist mir ziemlich gleichgültig.

1. Ich habe ein intensives Sexualleben. +
2. Ich bin ein ausgesprochener Romantiker und habe einen besonderen Sinn für das Schöne.

Asketen   **Sinnliche**

Ernährung – Streben nach Essen und Nahrung: Essen hat großen Stellenwert im Leben. Man kocht gern und stellt gern Gerichte für besondere Anlässe zusammen.

Schwache Ausprägung: Kein großer Esser, kocht eher ungern.

— 1. Ich esse meist nie mehr, als mir gut tut.
2. Ich hatte noch nie größere Gewichtsprobleme.

1. Im Vergleich mit anderen spielt Essen für mich eine größere Rolle. +
2. Ich halte häufig Diät.

Hungerstiller   **Gourmet**

Körperliche Aktivität – Streben nach Fitness und Bewegung: Drang nach sportlicher Aktivität. Man legt Wert auf Fitness, Kondition und Vitalität.

Schwache Ausprägung: No sports. Geruhsamer Lebensstil.

 — 1. Ich war schon immer etwas träge.
2. Ein faules Leben ist ein schönes Leben.

1. Ich habe mich schon immer viel bewegt. +
2. Sport zu treiben, macht mich glücklich.

Stubenhocker   **Sportler**

Ruhe – Streben nach Entspannung und emotionaler Sicherheit: Das Motiv Ruhe bedeutet in seiner starken Ausprägung das Streben nach Entspannung und Sicherheit. Ruhebedürftige Menschen neigen zu Ängstlichkeit und gehen Risiken aus dem Wege. Unangenehm sind Aufgaben, deren Erledigung mit Stress oder Unsicherheit verbunden ist. Lieber geht man ohne Hektik seiner Arbeit nach.

Schwaches Ruhemotiv: Typen mit schwach ausgeprägtem Ruhemotiv gehen hoch motiviert, unternehmungslustig und unerschrocken risikoreiche Abenteuer ein. Sie fühlen sich in Stresssituationen wohl, blühen unter Druck auf.

	−		+
	1. Ich bin weniger ängstlich als andere.	1. Ich bin eher schüchtern und furchtsam.	
	2. Ich bin mutig und unerschrocken.	2. Es ängstigt mich, wenn ich mich gestresst oder unsicher fühle.	
	Robuste	**Ängstliche**	

Auswertung: Ermitteln Sie Ihre stärksten Motive. Wo haben Sie + eingekreist? Bringen Sie Ihre stärksten Motive in eine Reihenfolge. Welches sind die drei wichtigsten?

Ermitteln Sie Ihre unwichtigsten Motive? Wo haben Sie − eingekreist? Bringen Sie Ihre drei unwichtigsten Motive in eine Reihenfolge.

Notieren Sie das Ergebnis im **Plan-B-Buch**:
Meine drei wichtigsten Motive aus dem Reiss-Profil:
1. _____
2. _____
3. _____

Meine drei unwichtigsten Motive aus dem Reiss-Profil:
1. _____
2. _____
3. _____

4. Aktivität

Kombinieren Sie Ihre drei wichtigsten »Freudenbereiter« mit Ihren drei wichtigsten Reiss-Motiven

Gibt es Übereinstimmungen zwischen den Ergebnissen der 2. und 3. Aktivität? Können Sie die sechs Motive zu drei Hauptmotiven zusammenfassen? (Die drei unwichtigsten Reiss-Motive bleiben im Moment unberücksichtigt.)

Welcher Freudenbereiter deckt sich mit welchem Reiss-Motiv?

Im Idealfall ergibt das Ihre drei Hauptmotive. Oder kommen Sie nur auf ein Hauptmotiv oder auf zwei, weil sich die restlichen Motive nicht decken? Halten Sie dieses Zwischenergebnis fest und absolvieren Sie die 5. Aktivität.

5. Aktivität

Zusatzerkenntnisse aus dem Eingangsfragebogen

Lesen Sie im **Plan-B-Buch** Ihre Antworten zu den folgenden Fragen:

Nr. 4: Für welche Lieblingsbeschäftigung springen Sie morgens aus dem Bett?

Ihre Antwort zu dieser Frage ist vermutlich auch in eine der Kurzgeschichten (2. Aktivität) eingeflossen und zeigt den hohen Stellenwert des dahinterliegenden Motivs. Mit welchem Ihrer stärksten Reiss-Motive deckt sich Ihre Antwort?

Nr. 5: Was war ein Kindheitstraum? Was wollten Sie als Kind werden? Wer wollten Sie sein?

Barbara Sher vertritt in ihrem Berufsfindungs-Klassiker (die amerikanische Originalausgabe erschien 1979) die Meinung, jeder von uns würde mit einer ganz eigenen Art von Genialität geboren.[23] Leider verhindern Erziehung und Schule die Entfaltung dieses inneren Talentkerns: »Indem man ignorierte, wer Sie waren, löschte man die ganze reiche innere Welt, die Sie mitgebracht hatten« (Sher, 2009, S. 25). Es gilt, dieses ursprüngliche oder eigentliche Selbst wiederzuentdecken. »All die Leute, die wir für Genies halten, sind Männer und Frauen, die es geschafft haben, dieses neugierige, wundervolle Kind in sich selber wach zu halten« (S. 26).

Bisherige Nichtgenies müssen über die Erforschung ihrer Kindheitsträume den verschütteten Genialitätskern freilegen. Egal wie weit wir der Argumentation von Barbara Sher folgen wollen, bei vielen Menschen stecken in Kindheits- und Jugendträumen starke Neigungen und Antriebe, an die sich bei der Erforschung der Motivstruktur anknüpfen lässt. Gibt es eine Verbindung von Ihrer Antwort auf Frage 5 zu den Freudenbringern und stärksten Reiss-Motiven?

Nr. 6: Was würden Sie am liebsten tun, wenn Sie völlig frei wären?
Diese Frage stellt der Schweizer Outplacement-Berater Roland Rasi seinen Klienten.[24] Er will herausfinden, was die Entlassenen wirklich interessiert und innerlich bewegt. Nach seiner Erfahrung ist das Innere bei vielen Topmanagern extrem verschüttet. Wie sieht das bei Ihnen aus? Welche Rückschlüsse ziehen Sie aus Ihrer spontanen Antwort auf verborgene oder verschüttete innere Antriebe? Welche Verknüpfungen gibt es zu den aus den Kurzgeschichten und dem Reiss-Profil gewonnenen Erkenntnissen?

Jetzt nehmen Sie sich noch einmal das Zwischenergebnis aus der 4. Aktivität vor. Lassen Sie die Erkenntnisse aus den Antworten zu den Eingangsfragen einfließen. Verdichten Sie alles zu Ihren drei bestimmenden Hauptmotiven.

Notieren Sie im **Plan-B-Buch**:
Das sind meine drei Hauptmotive:
1. _____
2. _____
3. _____

Wir streben danach, die am höchsten bewerteten Motive zu befriedigen. Wie gut gelingt Ihnen das in der Arbeit, in der Familie, in der Freizeit? Verbringen Sie möglicherweise zu viel Zeit mit Dingen, die Ihnen nichts oder wenig bedeuten? Könnte das eine Quelle der Unzufriedenheit sein? Sehen Sie sich dazu die drei unwichtigsten Motive aus dem Reiss-Profil an. Die taugen allerdings nur für die Suche nach den Ursachen einer möglichen Unzufriedenheit. Ihren Plan B bauen Sie auf den positiven Hauptmotiven auf.

Die junge Oma holt nach, was sie als junge Frau verpasst hat

»Ich war immer schon neugierig auf das Leben und die Menschen, und ich denke, diese Offenheit für Neues ist in der professionellen Kommunikation eine ideale Voraussetzung«, schreibt Michaela Hansen (49) im Internetauftritt ihrer PR-Agentur, die sie vor zehn Jahren mit ihrem Mann gegründet hat und mit der die beiden ihr Geld verdienen. Vor einem Jahr hatte die Diplom-Sozialwirtin und Diplom-Kriminologin jedoch eine ganz neue Idee. Wer weiblich, ungebunden, älter als 50 ist und davon träumt, einige Monate ins Ausland zu gehen, bekommt den Traum von »Granny Aupair« erfüllt. Die neugegründete Agentur vermittelt junggebliebene »Omas« und fördert so den internationalen kulturellen Austausch. Das ist wie ein Abenteuerurlaub auf Zeit, aber mit der Sicherheit und Geborgenheit innerhalb einer Gastfamilie.

Fähigkeiten: Mit den Pfunden wuchern

Ich würde meine Fähigkeiten selbst dann nicht erkennen,
wenn ich darüber stolpern würde!

Richard Nelson Bolles

Gern frage ich alle möglichen Leute, was sie gelernt haben oder welche Abschlüsse sie besitzen. Heißt es dann Diplom-Ingenieur oder Bankkauffrau oder Zahntechnikermeister oder Buchhändlerin, dann frage ich:»Wie viel Prozent von dem, was Sie in Ihrer Ausbildung, in Ihrem Studium gelernt haben, können Sie heute noch brauchen?« Überlegen Sie doch mal, was Sie selbst antworten würden. Nach meinen Befragungsergebnissen liegt der noch genutzte Ausbildungsanteil ganz selten über 20 Prozent. Was heißt das im Klartext? 80 Prozent der für den Beruf erforderlichen Fähigkeiten erwirbt man autodidaktisch und nebenbei. Durch »learning by doing«, durch Abschauen, durch eine schnelle Einweisung, durch eine mehr oder weniger gezielte Weiterbildung, durch Lernen aus Fehlern. Wenn dem so ist, und Sie können mir glauben, dem ist so, brauchen wir uns bei unseren Überlegungen zum Plan B nicht so sehr um Ihre erworbenen Abschlüsse, um den eingerahmten Meisterbrief kümmern, der in Ihrem Büro hängt. Wir müssen das ausschlachten, was Sie inzwischen wirklich draufhaben. Für den Plan B sind vor allem die vom Berufsfindungs-Altmeister Richard Bolles (2009) so genannten »übertragbaren« Fähigkeiten interessant. Die könnte man auch als Schlüsselqualifikationen bezeichnen und nach denen wollen wir jetzt suchen.

6. Aktivität

Drei Kurzgeschichten zum Thema
»Da habe ich mir selber auf die Schulter geklopft«
Schreiben Sie drei Erfolgsgeschichten in Ihr **Plan-B-Buch**:
Da habe ich richtig gezeigt, was ich draufhabe, was ich kann!
– Sie haben etwas geleistet und waren wirklich stolz darauf.

- Sie haben etwas auf die Beine gestellt und weder Sie selbst noch andere haben geglaubt, dass Sie das so toll hinbekommen.
- Sie haben Widerstände überwunden.
- Sie wurden gelobt, man hat Ihnen auf die Schulter geklopft.

Auswertung: Gehen Sie die drei Geschichten durch und fragen Sie sich:
- Welche Fähigkeiten habe ich eingesetzt, die wesentlich für den Erfolg verantwortlich waren?
- Welche Fähigkeiten haben mir geholfen, Widerstände zu überwinden?
- Was kann ich in solchen Situationen besser als andere Leute?

Notieren Sie im **Plan-B-Buch**:
Diese drei Schlüsselfähigkeiten habe ich eingesetzt:
1. _____
2. _____
3. _____

7. Aktivität

Holen Sie sich Rückmeldungen ein

»Ich würde meine Fähigkeiten selbst dann nicht erkennen, wenn ich darüber stolpern würde!«, weiß Richard Bolles (2009, S. 159). Über einige Fähigkeiten habe ich Sie in der 6. Aktivität stolpern lassen und Sie konnten Schlüsselfähigkeiten identifizieren. Das Bild sollen Sie jetzt noch durch Rückmeldungen abrunden, die Sie sich von Leuten holen, die Sie gut kennen und einiges über Sie wissen. Sonst beschränken Sie sich bei der Suche nach Ihren Fähigkeiten auf Ihr Selbstbild und das liefert Ihnen nur die halbe Wahrheit.

Sagen Sie doch einfach gezielt oder nebenbei oder in einem Telefongespräch: »Ich bin gerade bei der Selbsterforschung und da würde mich mal interessieren, was ich deiner Meinung nach besonders gut kann.«

Trauen Sie sich das nicht, rät Ihnen Uta Glaubitz zu folgendem Trick: »Spielen Sie die Situation einfach im Kopf durch. Was würden Ihre Freunde wohl antworten, wenn Sie sie jetzt anriefen?« (Glaubitz, 2009, S. 69).

Durch Rückmeldungen kommen Sie möglicherweise an Ihre »stillen Ressourcen« heran, auf die Sie allein nicht gekommen wären. Ein Berater erzählt von einem ehemaligen Bäcker mit Mehlstauballergie, der seine Mutter 18 Jahre lang gepflegt hat. »Auf meine Frage, was er denn könne, sagte der: ›Nischt.‹ Dabei besitzt er längst die Fähigkeiten eines Altenpflegers, müsste nur noch die vorgeschriebenen Ausbildungsrichtlinien erfüllen. Ein arbeitsloser Maurer hat seit seiner Kindheit leidenschaftlich Modelleisenbahnen aufgebaut und Loks repariert. Der war längst Feinmechaniker und wusste es nur nicht« (Zydra, 2010, S. 34).

Schreiben Sie das Ergebnis der Rückmeldungen (oder der vermuteten Rückmeldungen) in das **Plan-B-Buch**:
Diese Fähigkeiten zeichnen mich in den Augen wichtiger Mitmenschen aus:
1. _____
2. _____
3. _____

8. Aktivität

Zusatzerkenntnisse aus dem Eingangsfragebogen

Lesen Sie im **Plan-B-Buch** Ihre Antworten zu den folgenden Fragen:

Nr. 7: Auf welche Leistung sind Sie besonders stolz?
Deckt sich das mit den Erkenntnissen aus den Erfolgsgeschichten oder ist dieser erste, spontane Einfall zu Ihren Fähigkeiten eine Zusatzidee?

Nr. 8: Was würden Sie gern tun, wenn Sie wüssten, dass es garantiert nicht schief gehen kann?

Viele Leute scheuen das Testen ihrer Schranken aus Angst vor dem Scheitern. Ihre spontane Antwort auf diese Frage liefert Ihnen möglicherweise einen Hinweis auf Fähigkeiten, die Sie besitzen, aber nicht nutzen, weil Sie sich nicht trauen. Vielleicht lesen Sie noch einmal die Passagen über den Umgang mit Ängsten und Risiken im Kopf-Kapitel.

Nr. 9: Welches Hobby würden Sie intensiver betreiben, wenn Sie viel Zeit dazu hätten?

Bei der Suche nach den eigenen Fähigkeiten denken die meisten nur an den Beruf. Dabei kommen bei Hobbys Fähigkeiten zum Einsatz oder werden Erfahrungen gesammelt, die man beruflich ausschlachten kann.

Nr. 10: Welche natürliche Gabe möchten Sie besitzen, welches Talent hätten Sie gern?

Haben Sie diese Gabe ansatzweise bereits, besitzen Sie ein bestimmtes Talent? Trauen Sie sich vielleicht nur nicht, es auszuprobieren?

Nr. 11: In welcher Firma wären Sie gern mal einen Monat Chef?

Trauen Sie sich wirklich einen wildfremden Job zu? Oder wissen Sie insgeheim, dass Sie dafür sogar manche Fähigkeiten hätten, gestehen sich das aber nicht ein?

Fassen Sie die sechs Hauptfähigkeiten (drei aus Aktivität 6 und drei aus Aktivität 7) und die Zusatzerkenntnisse aus dem Eingangsfragebogen zusammen und komprimieren Sie das Ganze zu drei herausgehobenen Hauptfähigkeiten.

Notieren Sie die im **Plan-B-Buch**:
Das sind meine Hauptfähigkeiten:
1. _____
2. _____
3. _____

Mit den Pfunden wuchern

Auf den Fotos mit ihren Enkeln auf Zeit hat keine der jungen Omas Übergewicht. Aber mit ihren Fähigkeiten als Mutter und den Erfahrungen im Umgang mit eigenen Enkeln können sie wuchern. Alle drei wurden durch »Granny Aupair« vermittelt. Die 60-jährige ehemalige Flugbegleiterin wartet jetzt nicht mehr in ihrem Häuschen in Franken auf den ersten Urenkel, sondern betreut die vier Kinder im Alter von drei bis zwölf einer alleinerziehenden Mutter in Hamburg. Eine 59-jährige Hamburgerin hat es für ein halbes Jahr nach Rom verschlagen. Dort spricht sie Deutsch mit den drei Söhnen einer italienischen Familie im Alter von zwei bis sieben. Sie sagt: »Als ich die Annonce in den Händen hielt, kam es mir vor, als hätte ich so etwas schon längst im Unterbewusstsein geplant.« Eine 60-jährige frühere Arzthelferin kümmert sich in Neu Delhi um den achtjährigen Sohn, dessen Mutter an der deutschen Botschaft arbeitet. Der soll besser Deutsch lernen, weil es irgendwann wieder nach Deutschland zurückgeht (Nohn, 2011, S. 9).

Erfahrungen: Gelobt sei, was klug macht

Wer nicht an die Verwertung
seines Unglücks herangeht,
ist es gar nicht wert, vom Schicksal
in eine Katastrophe gestürzt worden zu sein.

Gustav Großmann

Das hört sich ganz schön zynisch an, was Ihnen der Begründer der sogenannten Erfolgsmethoden um die Ohren haut. Und was Ihnen Dr. Gustav Großmann zur persönlichen Unglücksverwertung vorschlägt, möchte ich Ihnen auch nicht empfehlen. Der ostpreußische Bauernsohn (1893–1973) hat von seiner späteren Wirkungsstätte München aus seine zahlenden Erfolgsschüler mit der Kompensationstheorie Alfred Adlers beglückt. Hat ein Mensch in einem Bereich Mängel und Schwächen, kann er diese durch besondere Anstrengungen im gleichen oder einem anderen Bereich nicht nur ausgleichen, sondern mehr als ausgleichen, nicht nur kompensieren, sondern überkompensieren. In Ihnen steckt Großes! Suchen Sie in Ihrer Biographie nach einem »wirksamen Mangel« und machen Sie etwas daraus. Sind Sie etwas zu kurz geraten? Dann könnten Sie die Reihe der Napoleons in der europäischen Politikgeschichte fortsetzen! Spaß beiseite. Inzwischen hat die Positive Psychologie Adler und Großmann überkompensiert und in der Therapie und im Coaching sind lösungsorientierte Ansätze angesagt. Die Aufmerksamkeit ist mehr auf die Lösung und weniger auf das Problem gerichtet. Im Zusammenhang mit dem Problem interessiert eher, ob es bereits ähnliche Situationen gab und welche Lösungen man damals gefunden hat. »Denn lieber denken wir über das nach, was uns bereits gut gelungen ist, als über eine Situation, für die wir uns eingestehen müssen, keinen Ausweg zu sehen« (Eichhorn, 2009, S. 140). Für den Plan B wollen wir deshalb Ihre biographischen Stolpersteine nicht überkompensieren, sondern auf eine ergiebigere Art verwerten. Wir schlachten die Begleitumstände aus. Punkten Sie nicht mit den Unglück oder der Krise, sondern mit den beim Krisenmanagement gesammelten Erfahrungen. »Jeder Peinlichkeit wohnt eine Erleuchtung inne«, will Hans Magnus Enzensberger erfahren haben: »Triumphe halten keine Lehren bereit, Misserfolge dagegen befördern die Erkenntnis auf mannigfaltige Art« (Hage, 2010, S. 154).

9. Aktivität

Drei Kurzgeschichten zu Pleiten, Pech und Pannen

Beschreiben Sie in Ihrem **Plan-B-Buch**:

Diese Misserfolge, Flops, Fehlschläge habe ich in der Schule, in der Ausbildung, im Studium, im Beruf, im Privatleben erlebt.

Erzählen Sie, was vorgefallen ist, und wie es dazu kam. Schildern Sie den Ablauf und die Folgen. Wie ist es ausgegangen? Wer und was hat zur Lösung beigetragen und wie war Ihr eigener Anteil dabei?

Auswertung: Stellen Sie sich zu jedem Lebensereignis folgende Fragen:

– Hätte ich das Problem vermeiden oder entschärfen können? Wie? Was hat mir dazu gefehlt? Was habe ich daraus gelernt?
– Welche Erfahrung würde mir ohne den Schlamassel fehlen?
– Was habe ich zur Problembewältigung unternommen, was ich mir im Normalfall nicht getraut hätte? Wo habe ich mich über mich gewundert?
– Was rate ich Leuten, denen das Gleiche passieren kann, zur Problemvermeidung oder für die Problembewältigung?
– Welche Fähigkeiten zur Problemlösung habe ich aus den Erfahrungen gewonnen?

Halten Sie als Zwischenergebnis Ihre gewonnenen Erkenntnisse fest:

1. _____
2. _____
3. _____

10. Aktivität

Zusatzerkenntnisse aus dem Eingangsfragebogen

Lesen Sie im **Plan-B-Buch** Ihre Antworten zu den folgenden Fragen:

Nr. 12: Aus welchem Schaden sind Sie klug geworden?
Worin besteht die gewonnene Klugheit? Welche Lehre haben Sie daraus gezogen? Was wird Ihnen nicht noch einmal passieren? Was machen Sie in einem ähnlichen Fall künftig anders? Wie lautet Ihr Rat zur Schadensvermeidung? Ihr Rat zur Schadensbegrenzung?

Nr. 13: Wenn Sie ohne Geld in einem fremden Land stranden würden, wie könnten Sie sich zur Not durchschlagen?
Welche Hinweise auf welche Schlüsselerfahrungen stecken in Ihrer Antwort? Oder können Sie aus der Antwort Erkenntnisse zu vorhandenen Fähigkeiten ziehen, an die Sie bisher nicht gedacht hatten?

Nr. 14: Welches war der größte Misserfolg in Ihrem bisherigen Leben und was haben Sie daraus gelernt?
Hinfallen ist keine Schande, aber liegen bleiben. Schneller rappeln sich Leute auf, die ein klares Eigenkonzept und ein funktionierendes soziales Netzwerk besitzen.

Der Berater Roland Rasi hat bei seinen aus dem Job gefallenen Managern erstens beobachtet, dass nach so einem Schock diejenigen wieder schneller auf die Beine kommen und sich erholen, die sich trotz Karriere ihre Hobbys wie Sport oder Musik erhalten haben. Zweitens geht nur die Hälfte seiner Klienten nach dem Fall wieder ins Management zurück, die andere Hälfte macht notgedrungen oder aus freien Stücken etwas ganz anderes.

Ergänzen Sie Ihr Zwischenergebnis durch die Zusatzerkenntnisse aus den Eingangsfragen.

Notieren Sie im **Plan-B-Buch**:
Das sind meine zusammengefassten Haupterfahrungen:
1. _____
2. _____
3. _____

Von der Börse an die Leinwand

Patricia Petapermal (48) hat ihren Unfall »verwertet«. Dem betrunkenen Autofahrer, der sie erfasste und meterweit durch die Luft schleuderte, ist sie inzwischen fast ein wenig dankbar, dass er ihr Zeit zum Nachdenken verschafft hat. Nach einem halben Jahr im Krankenhaus war sie wieder hergestellt. Nach wenigen Tagen im alten Beruf an der Börse, wo sie acht Jahre lang erfolgreich gearbeitet hatte, kündigte sie. Durch den Abstand im Krankenhaus wurde ihr klar, wie klein die Welt war, in der sie sich bewegt hatte. »Du hast zwar Augen, bist aber eigentlich für alles außerhalb der Finanzwelt blind.« Seitdem malt sie, mit Erfolg. Und wenn sie mit ihrem Plan B keinen Erfolg gehabt hätte? »Ob du erfolgreich bist, hängt nicht davon ab, wie viel Geld du verdienst. Im Krankenhaus ist mir klar geworden, dass ich nur dieses eine Leben habe. Wenn man mir sagt, dass ich morgen sterben muss, möchte ich antworten können, das ist in Ordnung. Ich habe alles getan, was ich tun wollte. Ich habe alles kennen gelernt, was mich interessiert. Mein Leben war gut so« (Kuhr, 2002).

Werte: Sich nicht verbiegen lassen

Ein auf Kompromissen beruhendes Leben
wird sich am Ende immer
als reine Zeitverschwendung erweisen.

Charles Handy

Wer im Beruf seinen eigenen Überzeugungen treu bleiben kann, ist mit sich im Reinen und mit seinen Gefühlen im grünen Bereich. Manche sind, geleitet durch ihre Werthaltungen, auch schon erhobenen Hauptes untergegangen. So hatten Briten beim Untergang der Titanic eine geringere Überlebenschance als Angehörige anderer Nationen – weil sich unter ihnen »echte Gentlemen« befanden, die anderen den Vortritt in die Rettungsboote ließen.[25] Sie sollten sich für alle Fälle einen Rettungsring in Form eines Plan B besorgen, bevor Sie Ihrem Chef die Meinung sagen, wenn er sich Ihnen und Ihren Kollegen gegenüber unmöglich benimmt und Sie sich das nicht mehr länger gefallen lassen wollen. Die Auseinandersetzung mit dem eigenen Wertesystem kann im Zusammenhang mit beruflichen Entscheidungen wichtige Orientierungen liefern. Wer sich über seine Werte und Überzeugungen nicht im Klaren ist, hat keinen Steuermann für kritische Entscheidungssituationen und wird zum Opportunisten oder zum Spielball der anderen.[26]

11. Aktivität

Drei Kurzgeschichten zum Thema
»Das geht mir gegen den Strich«

Notieren Sie im **Plan-B-Buch** drei unbehagliche Situationen, die Sie erlebt haben oder erleben:
Das geht mir total gegen den Strich.
Sie sind zu etwas gezwungen, was gegen Ihre Überzeugung verstößt. Jemand benimmt sich Ihnen oder anderen gegenüber unmöglich. Etwas widerstrebt Ihnen und macht Sie unzufrieden.

Auswertung: »Werten« Sie die drei Episoden aus:
- Was ärgert mich da?
- Was ist da nicht in Ordnung?
- Wer versündigt sich gegen welche meiner Überzeugungen?
- Bei welchem Wert, dessen Einhaltung gefährdet ist, sage ich: »Bis hierher und nicht weiter?«
- Welche Werte sind mir heilig?

Halten Sie diese Werte als Zwischenergebnis fest:
1. _____
2. _____
3. _____

12. Aktivität

Wertekatalog

Bearbeiten Sie den folgenden Wertekatalog:
- Welches sind Ihre drei wichtigsten Werte aus der Liste?
- Welche Werte müssen für Sie in einer Tätigkeit auf jeden Fall erfüllt sein?
- Auf die Verwirklichung welcher Werte würden Sie nie verzichten?

Achtsamkeit	Menschlichkeit
Anständigkeit	Moral
Aufrichtigkeit	Nachhaltigkeit
Ehrlichkeit	Offenheit
Fairness	Partnerschaftlichkeit
Freundlichkeit	Respekt
Fürsorge	Rücksichtnahme
Gerechtigkeit	Standfestigkeit
Glaubwürdigkeit	Toleranz
Gradlinigkeit	Unbestechlichkeit
Großzügigkeit	Verantwortlichkeit
Güte	Verlässlichkeit
Hilfsbereitschaft	Vertrauen
Integrität	Weitsicht
Kollegialität	Würde
Korrektheit	Zivilcourage
Loyalität	Zusammengehörigkeit

Auswertung: Das sind meine drei wichtigsten Werte aus der Liste:

1. _____
2. _____
3. _____

13. Aktivität

Zusatzerkenntnisse aus dem Eingangsfragebogen

Lesen Sie im **Plan-B-Buch** Ihre Antworten zu den folgenden Fragen:

Nr. 15: Wozu haben Sie sich überreden lassen und könnten sich bis heute darüber ärgern?
Ist diese Episode eine Ihrer Kurzgeschichten aus der 11. Aktivität? Was ging Ihnen da gegen den Strich, welcher Wert wurde verletzt?

Nr. 16: Welche Charaktereigenschaft schätzen Sie bei Ihren Mitmenschen am meisten?
Aus Ihrer Antwort können Sie auf das schließen, was Ihnen wichtig ist, welche Werte Ihnen etwas bedeuten.

Nr. 17: Was verabscheuen Sie am meisten?
Was verstößt da gegen welche Ihrer Werte und Überzeugungen?

Auswertung: Welches sind aus der Kombination der Aktivitäten 11 bis 13 die für Sie wichtigsten Werte? Sind sie in Ihrer jetzigen Tätigkeit erfüllt oder für eine mögliche Unzufriedenheit verantwortlich?

Notieren Sie im **Plan-B-Buch**:
Das sind meine drei wichtigsten Überzeugungen oder Werte:

1. _____
2. _____
3. _____

Von der Großbank in die Skiwerkstatt

Sein Lieblingszitat ist von Ghandi: »Sei du selbst die Veränderung, die du dir wünscht für diese Welt.« Vielleicht hat er sich deshalb beruflich ziemlich radikal verändert. Der Banker Benedikt Germanier (44) war führender Finanzanalyst für die Schweizer Großbank UBS in den USA. Irgendwann ging ihm die »kranke« Geldmacherei in seiner Branche gegen den Strich. Vielleicht auch, weil ihn sein Vater von klein auf für soziale Werte sensibilisiert hatte. »Der Leitsatz, dem alles untergeordnet wird, heisst: ›Let's make more money.‹ Das ist krank und gefährlich.«[27] Vor zwei Jahren ist er aus der großen Finanzwelt ausgestiegen, in die kleine Schweiz zurückgekehrt und als Geschäftsführer in eine noch kleinere Erfinderklitsche eingestiegen. Er versucht, die vor acht Jahren gegründete Skimanufaktur Zai seines alten Kumpels Simon Jacomet in die schwarzen Zahlen zu bringen. Seit seinem Einstieg vor zwei Jahren hat sich der Umsatz fast verdoppelt.

Persönlichkeit: Seine Grenzen testen und wahren

*Ich will irgendwann in diesem Leben
der werden, der ich bin.*

Bruno Jonas

Die Psychologie interessiert sich für Persönlichkeitsunterschiede. Von jedem bedeutenden Psychologen gibt es ein Modell, das erklären will, welche Typen es gibt und wie sie sich voneinander abgrenzen lassen. In den letzten Jahren haben sich aus den verschiedenen Ansätzen fünf zentrale menschliche Eigenschaften herauskristallisiert, die sogenannten »Big Five«. Fünf Faktoren, die sich im Laufe des Lebens nur wenig ändern, bestimmen unsere Persönlichkeit und unser Verhalten.[28]

---

14. Aktivität

Persönlichkeitseigenheiten

Lesen Sie die Beschreibungen der fünf Persönlichkeitsdimensionen. *Stufen Sie sich mit den »Ich-bin-jemand«-Aussagen selbst ein. Kreuzen Sie auf der Skala unter den Aussagen an, wo Sie sich sehen.*
Interessant wäre, wenn Sie zu Ihrem durch die Selbsteinschätzung gewonnenen Selbstbild noch ein Fremdbild bekommen könnten. Lassen Sie sich dazu mit den »Ich-bin-jemand«-Aussagen von einem Menschen, der Sie gut kennt, einschätzen.

Emotionale Stabilität: Ruhen Sie in sich selbst und bleiben auch in stressigen Situationen gelassen oder sind Sie anfällig für Sorgen und Ängste? Jemand ist
- entweder emotional stabil, sorgenfrei, ungestresst, gelassen, unängstlich, selbstvertrauend
- oder unsicher, launenhaft, ängstlich, sorgenbehaftet, nervös, rasch gestresst.

Ich bin jemand, der	Ich bin jemand, der
… sich oft Sorgen macht.	… entspannt ist, mit Stress gut umgehen kann.
… leicht nervös und unsicher wird.	… ausgeglichen ist und sich nicht so leicht aus der Fassung bringen lässt.
… launisch ist und stimmungsschwankend.	… selbst in Stresssituationen ruhig bleibt.

stark   mittel   stark
⊢———————⊢———————⊢———————⊢———————⊣

Extraversion: Sind Sie sehr nach außen gekehrt und gesellig oder eher in sich gekehrt und zurückhaltend? Jemand ist
- eher gesellig, gesprächig, selbstsicher, durchsetzungsfähig, lebhaft
- oder zurückhaltend, in sich gekehrt, ruhig, scheu.

Ich bin jemand, der	Ich bin jemand, der
… zurückhaltend, reserviert ist.	… aus sich herausgehen kann, gesprächig und gesellig ist.
… eher wortkarg und still ist.	… der Tatendrang hat, begeisterungsfähig ist und andere mitreißen kann.
… manchmal schüchtern und gehemmt ist.	… durchsetzungsfähig und selbstbewusst ist.

stark   mittel   stark
⊢———————⊢———————⊢———————⊢———————⊣

Offenheit: Sind Sie neugierig, offen für neue Erfahrungen und vielseitig interessiert oder sind Sie eher ein bodenständiger Mensch, der sich gern an Bewährtes hält? Jemand ist
- eher wissbegierig, phantasievoll, experimentierfreudig
- oder uninteressiert, traditionsbehaftet, unkreativ.

Ich bin jemand, der	Ich bin jemand, der
… es mag, wenn Aufgaben routinemäßig zu erledigen sind.	… originell und einfallsreich ist, neue Ideen einbringt.
… nur wenig künstlerisches Interesse hat.	… künstlerische Erfahrungen schätzt.
… eher traditionsbehaftet ist.	… eine lebhafte Phantasie, Vorstellung hat.

stark   mittel   stark
⊢———————⊢———————⊢———————⊢———————⊣

123

Verträglichkeit: Kommen Sie gut mit Ihren Mitmenschen aus oder ist Ihr Umgang mit anderen eher konflikthaft? Jemand ist
- eher freundlich, rücksichtsvoll, hilfsbereit, warmherzig
- oder misstrauisch, kritisch, streitsüchtig, kalt.

Ich bin jemand, der	Ich bin jemand, der
… manchmal etwas grob zu anderen ist.	… rücksichtsvoll und freundlich mit anderen umgeht.
… dazu neigt, andere zu kritisieren.	… hilfsbereit ist und selbstlos gegen andere.
… sich schroff und abweisend anderen gegenüber verhalten kann.	… nicht nachtragend ist und anderen leicht vergibt.

stark   **mittel**   **stark**

Gewissenhaftigkeit: Wie gehen Sie mit Ihrer Arbeit und Zeit um? Gehen Sie perfekt und geplant zu Werke oder großzügig, flexibel und spontan? Jemand ist
- eher diszipliniert, planvoll, organisiert, ordentlich, ausdauernd
- oder nachlässig, schludrig, unorganisiert, schlampig.

Ich bin jemand, der	Ich bin jemand, der
… manchmal unsorgfältig und unordentlich ist.	… gründlich und zuverlässig arbeitet.
… eher bequem ist und zur Faulheit neigt.	… Aufgaben wirksam und effizient erledigt.
… leicht ablenkbar ist und nicht bei der Sache bleibt.	… der Pläne macht und sie auch durchführt.

stark   **mittel**   **stark**

Auswertung: Wo liegen Ihre persönlichen Stärken? Die können sogar dort liegen, wo die Testergebnisse eher problematische Eigenheiten nahe legen. Nehmen Sie zum Beispiel das Konfliktpotenzial für den zwischenmenschlichen Kontakt bei geringer Verträglichkeit. Das kann im zwischenmenschlichen Verhältnis für Reibereien sorgen und für einen Rechtsanwalt ein Pfund sein, mit dem er vor Gericht wuchert und seine Streitfälle gewinnt. Eine Stärke kann bei Übertreibung auch zur Schwäche werden. Ist zum Beispiel ein Mensch zu gewissenhaft, legt er zu viel des Guten an den Tag, kippt die Tugend in eine Untugend und wir haben es mit einem zwanghaften Überperfektionisten zu tun, der sich selbst im Weg steht. Für den Beruf hat die Dimension »Gewissenhaftigkeit« die größte Bedeutung. Wollen Sie dazu mehr über sich erfahren und herausfinden, was Sie für ein Typ sind und welche Konsequenzen Sie daraus ziehen können, finden Sie das in meinem »Drehbuch für ein perfektes und ein chaotisches Zeitmanagement« (Rühle, 2011).

Wo liegen Ihre persönlichen Schwächen? Diese Frage ist ziemlich daneben. Sie passt nicht in das Weltbild der Positiven Psychologie und gehört genau genommen auch nicht in ein Kapitel, in dem es um einen Ressourcencheck geht. Ressourcen sind ja eher Mittel zum Zweck, Quellen, aus denen wir schöpfen, Pfunde, mit denen wir wuchern. Diesen kleinen Ausrutscher nehmen wir bewusst in Kauf. Er soll Sie vor Unheil bewahren. Schwächen können bei der Plan-B-Entwicklung als Ausschlusskriterien dienen. Schließlich sollen Sie nicht mit dem passenden Plan B in einem nicht zu Ihnen passenden Betätigungsfeld landen.

Halten Sie das folgende Zwischenergebnis fest:
Meine persönlichen Stärken:
1. _____
2. _____
3. _____

Meine persönlichen Schwächen:
1. _____
2. _____
3. _____

15. Aktivität

Zusatzerkenntnisse aus dem Eingangsfragebogen

Lesen Sie im **Plan-B-Buch** die Antworten zu den folgenden Fragen:

Nr. 3: Wie lautet Ihr Lebensmotto oder gibt es eine Lebensweisheit, die Ihnen gut gefällt?
Welchen Rückschluss können Sie aus dem Lebensmotto oder der Lebensweisheit auf sich ziehen? Mit welchem Ihrer Charakterzüge hat es etwas zu tun? Oder bezieht es sich eher auf Ihre Motive? Fähigkeiten? Erfahrungen? Werte und Überzeugungen?

Nr. 18: Was sagt man Ihnen nach?
Ist Ihnen da eher eine persönliche Stärke spontan eingefallen, die Ihnen immer wieder zugeschrieben wird? Oder haben Sie sofort an eine Marotte gedacht, über die sich andere lustig machen oder über die sich Mitmenschen ärgern?

Nr. 19: Was gefällt Ihnen an sich besonders?
Welche Ihrer persönlichen Stärken spiegeln sich in der spontanen Antwort?

Nr. 20: Was mögen Sie an sich gar nicht?
Ist das ein Hinweis auf persönliche Schwächen, mit denen Sie bei anderen anecken? Oder sind Sie nur zu streng mit sich selbst?

Nr. 21: Was schätzen Ihre Freunde bei Ihnen am meisten?
Dieses vermutete Fremdbild können Sie überprüfen, wenn Sie gezielte Rückmeldungen einholen. Nach Meinung von Charles Handy ist es für unsere Identität wichtig, dass wir uns von den »wichtigen Anderen« unseres Umfeldes sagen lassen, welche Stärken sie bei uns schätzen.

Nr. 22: Welches ist Ihr Hauptcharakterzug?
Deckt sich Ihre spontane Antwort mit den Erkenntnissen aus dem Schnuppertest und den Rückmeldungen Ihrer Mitmenschen? Welche Persönlichkeitseigenheit sticht aus allen Ihren anderen Eigenheiten hervor?

Auswertung: Ändert sich das Zwischenergebnis zu den Stärken und Schwächen durch die Erkenntnisse aus den Eingangsfragen?

Notieren Sie das Endergebnis im **Plan-B-Buch**:
Meine persönlichen Stärken:
1. _____
2. _____
3. _____

Meine persönlichen Schwächen:
1. _____
2. _____
3. _____

Von der Kunst zur hohen Kunst der Skifertigung

Sein Lieblingszitat stammt von Pablo Picasso: »Ich suche nicht, ich finde.« Nach einem Kunststudium in Florenz, langjähriger Erfahrung als Skilehrer, seiner Tätigkeit als Entwickler bei großen Skiherstellern hat Simon Jacomet (47) vor acht Jahren seine Berufung gefunden: Skier herzustellen, deren Fahreigenschaften alles Gekannte übertreffen. In seiner Skiwerkstatt in Disentis produziert er mit einigen Mitarbeitern handgefertigte Skier aus ungewöhnlichem Material, mit denen man auf einen Schlag zwei Klassen besser fährt. Er bedient einen Nischenmarkt. Die Käufer bezahlen bis zu 5.000 Euro für ihre Latten. Die bestehen allerdings nicht aus Fichtenholz, sondern aus einem Kern aus Stein, mit Carbonfasern umhüllt. Die Besitzer sind gut beraten, wenn sie ihre teuren Unikate nicht unbeaufsichtigt vor der Skihütte stehen lassen. Die Skimanufaktur von Simon Jacomet heißt Zai, das ist rätoromanisch, bedeutet »zäh« und mit Zähigkeit bringt der Firmengründer sein Unternehmen aus den Kinderschuhen.[29]

Ihr Ressourcenportfolio

Mein Ressourcen-
portfolio für den
Plan B

Fassen Sie jetzt die Hauptergebnisse Ihres
Ressourcenchecks zusammen.

Übertragen Sie die Endergebnisse aus Ihrem
Plan-B-Buch auf einen großen Papierbogen.
Je größer, desto besser. Am besten malen Sie
es mit farbigen Filzstiften auf ein Flipchart-
Blatt.

Meine Motive:
1.
2.
3.

Hängen Sie es als Ihre persönliche Land-
karte für das weitere Vorgehen an die Wand.

Jetzt haben Sie das Gespür dafür, was
»Ihre Sache« ist, bereits ein gutes Stück weit
entwickelt und können darauf aufbauen.

Meine Fähigkeiten:
1.
2.
3.

Jetzt besitzen Sie einige Anker,
die Ihre Wahlmöglichkeiten lenken
und ein zu großes und unübersichtliches
Möglichkeitsfeld beschränken.

Meine Erfahrungen:
1.
2.
3.

Das Ressourcenportfolio ist die Basis.
Daraus entsteht im nächsten Kapitel Ihr
Plan B.

Meine Werte:
1.
2.
3.

Das Ressourcenportfolio stellt aber auch
einen Wert für sich dar. Wenn Sie es bei
einem Vorstellungsgespräch im Hinterkopf
dabeihaben, werden Sie eine glaubhaftere
Vorstellung abliefern, als wenn Sie ohne
vorherigen Ressourcencheck hingegangen
wären.

Meine Persönlich-
keitsstärken:
1.
2.
3.

Wie Sie aus Ihrer biographischen Schatzkiste einen Plan B zaubern

Sie wissen jetzt mehr über sich als je zuvor. Das ist zu viel des Guten. Weil weniger mehr ist, konzentrieren wir uns auf die wichtigsten Ressourcen. Die schütteln wir kräftig durcheinander und bekommen innovative Verknüpfungen. Hinter der kreativsten Neukombination verbirgt sich Ihr Plan B.

Stolpersteine erkennen und
daraus eine Treppe bauen

Ob du glaubst, dass du etwas kannst,
oder glaubst, etwas nicht zu können
– du hast immer recht!

Lebensweisheit

Zu viel Wissen macht besonders dumm

Auf dem Weg zu passenden Betätigungsalternativen sind Sie ein
gutes Stück vorangekommen. Jetzt müssen Sie nur noch ein großes
Luxusproblem bewältigen und einige kleinere Blockaden überwinden, dann steht Ihr Plan B. Das große Problem ist Ihr Ressourcenportfolio. Sie wissen jetzt mehr über sich als vorher und
können nichts damit anfangen, weil Sie die Fülle unterschiedlicher Erkenntnisse erschlägt. Was Sie da alles an Fakten über sich
selbst zusammengetragen haben, ist zu viel des Guten und es
streut in zu viele Richtungen. Jetzt braucht es Kreativität und da
geht es schon wieder um Ihren Kopf. Der entscheidet, ob Sie kreativ sind oder nicht. Was unterscheidet einen kreativen Menschen
von einem nicht kreativen? Der richtige Glaubenssatz! Der Kreative weiß, dass er kreativ ist, und der Nichtkreative meint, dass er
nicht kreativ sei. Von unserer Beschäftigung mit der Selbstwirksamkeit ist Ihnen bekannt, dass es ist nicht nur wichtig ist, etwas
zu können. Manchmal reicht es, wenn man glaubt, dass man es
kann. Jetzt steht fest: Sie sind ein kreativer Kopf oder glauben es
wenigstens. Wenn Sie dann noch einige Erkenntnisse zur Kreativität berücksichtigen und kreative Instrumente einsetzen, kann
nichts mehr schief gehen. Wohin die Reise führt, sagen uns zwei
Definitionen: Einmal besteht die kreative Leistung in der gelunge-
nen Verknüpfung unterschiedlicher Bezugssysteme. Diese Version
brauchen wir später für das Chancenmanagement. Nach einer anderen Definition ist Kreativität eine Problemlösung durch Neukombination bekannter Faktoren. Genau darauf kommt es an bei
der Umsetzung des Ressourcenportfolios in einen Plan B. Das ist

Gegenstand dieses Kapitels und die Basis für das anschließende Chancenmanagement.

Die Könnerschaft ist eine Säule unserer beruflichen Identität. Leider steht sie uns bei der Suche nach Betätigungsalternativen im Weg. Je besser wir auf einem Gebiet werden, je routinierter wir unseren Job machen, desto größer die Gefahr des Tunnelblicks. Da verbündet sich unsere Expertenschaft mit einem biologischen Mechanismus. Aus der grauen Vorzeit haben wir die selektive Wahrnehmung in unsere moderne Welt hinübergerettet. Diese Navigationshilfe war für die Gefahrenbewältigung und für die Behebung von Mangelzuständen wichtig. Bei Durst war es hilfreich, wenn die Wahrnehmung eines als »Hans-guck-in-die-Luft« herumschweifenden Urahns auf »Entdecke Trinkchancen« umprogrammiert wurde. In einem gefährlichen Umfeld überlebte der auf »Entdecke Feinde« Programmierte eher als einer, der blind durch die Gegend lief. Diesen Wahrnehmungs-Autopiloten besitzen Sie noch. Da brauchen Sie nur ein neues Auto kaufen. Plötzlich sehen Sie nur noch Autos in der Farbe und vom Typ, den Sie gerade gekauft haben. Kündigt sich der erste Nachwuchs an, sehen künftige Eltern nur noch Kinderwagen, Kinderspielplätze und Schaufenster von Babyausstattern. Wer mit seinem Expertenwissen schwanger geht, läuft mit einer eingeschränkten Wahrnehmung durch die Landschaft. Das wird dann problematisch, wenn ein neuer Weg gefragt wäre. Die selektive Wahrnehmung wollen wir allerdings nicht verdammen. Wir nutzen diesen Effekt aus, sobald wir mit unserem neuen Plan B schwanger gehen. Dann sehen wir die Welt mit neuen Augen und entdecken Möglichkeiten, an denen wir mit unserem alten, bewährten Expertenblick achtlos vorbeigegangen wären.

Angst macht dumm

Angst und Kreativität vertragen sich nicht. Angst blockiert. Bei Gefahr wird Ihr Gehirn abgeschaltet und Sie auf »Hauen« umgestellt. Draufhauen oder abhauen heißt die Devise, kämpfen oder fliehen. Wer in einer aktuellen Krise steckt, hat den Kopf nicht frei für neue Ideen. Bei einer krisenhaften Berufssituation kommt es darauf an, wie stark Sie das beutelt und in welchem Krisenstadium Sie sich befinden. Eigentlich haben Sie die besten Voraussetzungen für eine Veränderung. Sie befinden sich in der wertvollen Phase des Übergangs. Aber vielleicht hat Sie die Krise so im Griff, dass Sie zu keinen klaren Gedanken fähig sind. Jetzt ist erst einmal das Ausweinen, Wut bewältigen und Dampf ablassen angesagt. Hat das Aussprechen nach zwei Monaten noch nicht geholfen, brauchen Sie professionelle Hilfe, weil Sie sonst aus Ihrem Loch nicht mehr so ohne Weiteres herauskommen. Haben Sie sich aber gefangen und beginnen Sie wieder aktiv zu werden, bedeutet die Arbeit am Plan B, Ihrem künftigen Plan A, eine Art Therapie. Ihr Verhalten bekommt eine Richtung und mit der Grübelei ist es vorbei.

Auch negative Gefühle, als Vorstufe der Angst, behindern die Kreativität. Kreativität braucht Zeit. Der kreative Prozess muss sich entfalten. Der Durchbruch lässt sich nicht erzwingen. Die Lösungssuche durchläuft Phasen der Mutlosigkeit und Frustration. Seien Sie auf diese Unsicherheitsgefühle vorbereitet, lassen Sie sich davon nicht beirren und entmutigen. Sonst blockiert Ihr Frust über den mühsamen Prozess Ihre Kreativität.

Zu wenig Wissen ist auch dumm, aber zum Hochschullehrer reicht es trotzdem

Hier ist einer meiner eigenen Erfolge als Beruf(ung)sfindungshelfer. Nicht immer braucht es ein gezieltes Plan-B-Coaching, um Menschen neue Perspektiven zu eröffnen. Manchmal muss man nur ein Informationsdefizit beheben: Einem unzufriedenen Mitarbeiter in der Personalabteilung eines Anlagenbauers im Ruhrgebiet habe ich geraten, er solle es doch an der Fachhochschule versuchen, die Voraussetzungen Promotion und Praxiserfahrung habe er doch. Seinen Einwand: »Da muss ich doch habilitiert sein!«, konnte ich sofort als gegenstandslos entlarven. Heute ist er glücklicher Fachhochschulprofessor.

Wunder: Probleme suchen, wo keine sind

Unsere Wünsche sind Vorgefühle der Fähigkeiten,
die in uns liegen, die Vorboten desjenigen,
was wir zu leisten imstande sein werden.
Wir fühlen eine Sehnsucht nach dem,
was wir schon im Stillen besitzen.

Johann Wolfgang von Goethe

Damit Sie die nächste Aktivität nicht als sinnlose Luftnummer ansehen, will ich Ihnen eine Begründung dafür liefern. Wir sind Problemlöser und keine Chancensucher. Wir beschäftigen uns gern konkret mit einem vorhandenen Problem, das auf seine Lösung drängt. Nicht so talentiert sind wir dabei, uns Chancen vorzustellen und an ihre Realisierung zu gehen. Das ist eher ein abstrakter Prozess und der überfordert uns. Deshalb ist es sinnvoll, sich per Phantasie einen Zustand, eine gewünschte Lösung möglichst plastisch vorzustellen. Dann haben wir ein Problem und können an die Lösung gehen. »Der Wert des Wunschdenkens als Endpunkt besteht darin, dass wir, sobald wir einen Endpunkt haben, beginnen können, von ihm rückwärts zu arbeiten oder vorwärts auf ihn zu, um ihn zu erreichen. Es liefert einen Zielpunkt. In gewissem Sinn schafft es ein Problem, an dessen Lösung wir uns dann machen« (de Bono, 1992, S. 240). Ein zusätzlicher Effekt des Wunschdenkens: Es hebt Denkverbote auf (Bergmann, 2001, S. 7).

16. Aktivität

Ein Wunder ist geschehen, Sie haben Ihren Plan B!

Malen Sie sich in Ihrer Phantasie aus:
Über Nacht hat sich das an der Wand hängende Poster mit Ihrem Ressourcenportfolio in einen fertigen Plan B verwandelt!
Stellen Sie sich Ihren neuen Plan B vor:
– Wie sieht die Tätigkeit aus?
– Wo findet sie statt?
– Was tun Sie konkret?
– Angestellt?
– Selbständig?

Auswertung: Wie weit ist das Bild, das Sie sich in Ihrer Phantasie ausgemalt haben, von der Realität entfernt?

Wenn Sie einen Bereich von »völlig illusorisch« bis »einigermaßen realistisch« nehmen, wo siedeln Sie den Wunder-Plan-B an?

Mit einiger Wahrscheinlichkeit ist Ihre Phantasielösung von der Realität gar nicht so weit weg. Mindestens liefert Ihnen Ihr phantastischer Plan B grobe Hinweise, in welcher Richtung der tatsächliche Plan B liegen könnte.

Halten Sie Ihren phantastischen Plan B und die daraus gewonnenen Erkenntnisse im **Plan-B-Buch** fest.

Möglicherweise haben Sie mit dieser Wunderfrage nicht so viel anfangen können. Der Grund dafür könnte in Ihren Persönlichkeitseigenheiten liegen. Ihre Offenheit ist vermutlich nicht besonders ausgeprägt. Mit Ihrer Phantasie ist es nicht so weit her und deshalb funktionieren solche Übungen bei Ihnen nicht. Das ist hier nicht weiter schlimm. Auf eine Übung mehr oder weniger kommt es nicht an. Eine mangelnde Offenheit bedeutet aber Defizite im Bereich Ihrer Kreativität. Ist das Ihr Problem, dann sind Sie bei den folgenden Aktivitäten, in denen Kreativität gefragt ist, auf die Unterstützung durch ein kleines Kreativteam besonders angewiesen.

17. Aktivität

Zusatzerkenntnisse aus dem Eingangsfragebogen

Lesen Sie im **Plan-B-Buch** die Antworten zu den folgenden Fragen:

Nr. 1: Was ist für Sie das vollkommene irdische Glück?
Was kann ein passender Plan B dazu beitragen?

Nr. 2: Was ist für Sie das größte Unglück?
Machen Sie einen gedanklichen Kopfstand! Welchen Beitrag kann ein passender Plan B für die Vermeidung dieses Unglücks leisten?

Nr. 26: Wenn Sie noch einmal ganz von vorn anfangen könnten, was wären Sie dann am liebsten?
Ihre spontane Antwort weist vermutlich eine Nähe zu Ihren Erkenntnissen aus der Wunderfrage auf? Gibt die Antwort Hinweise für die Richtung, in der Sie Ihren Plan B suchen sollen?

Auswertung: Hier ist keine besondere Aktivität zu Auswertung angesagt. Beide Aktivitäten sollen dafür sorgen, dass Ihr Denken eingefahrene Bahnen verlässt und Ihre Kreativität Anregungen für neue Suchrichtungen bekommt.

Schreiben Sie trotzdem Ihre Erkenntnisse in das **Plan-B-Buch**.

Von der Ahnung zu den Ahnen

»Ich hatte nur eine Liste mit Kriterien für meinen Traumjob erstellt: Er sollte eine internationale Dimension haben, ich wollte reisen, aber in Hamburg angesiedelt bleiben, ich wollte ein Auge fürs Detail wahren und Verantwortung übernehmen.«

Außerdem sah die gelernte Hotelfachfrau Andrea Bentschneider (42) ihre Zukunft in der Selbständigkeit. Inzwischen ist sie mit ihrer Firma »Beyond History« Ahnenforscherin und sucht nach den Wurzeln ihrer Auftraggeber. Feste und freie Mitarbeiter helfen ihr dabei. Zusätzlich ist sie an Film- und Fernsehprojekten über Ahnenforschung beteiligt, hinter der Kamera als Rechercheurin und vor der Kamera als Expertin.[30]

Ressourcen kreativ kombinieren

Verrückt ist, wer immer wieder das Gleiche tut
und ein anderes Ergebnis erwartet.

James Robbins

Ausgangspunkt ist das Ressourcenportfolio. Der Plan B entsteht aus der kreativen Neukombination Ihrer Ressourcen. Neues entwickelt sich aus ungewöhnlichen Kombinationen vorhandener Elemente. »Wirklich Neues entsteht nur nach den unbequemen Prinzipien der Evolution: vieles ausprobieren, weniges auswählen, unbefriedigende Lösungen und Irrwege erdulden« (Klein, 2004, S. 134). Konzentrieren Sie sich auf Ihre Motive, Fähigkeiten und Erfahrung. Lassen Sie die Werte und Persönlichkeitseinheiten zunächst unberücksichtigt, sonst wird die Komplexität zu groß.

Verfremdung: Das Vertraute fremd und das Fremde vertraut machen

Zur Überwindung der Blockaden, die wir vorher verdeutlicht haben, gibt es zwei Prinzipien. Auf denen basieren alle gängigen kreativen Methodenvarianten. Mit dem Prinzip der Verfremdung überwinden wir Denkblockaden und wahrnehmungsmäßige Fixierungen, verlassen wir eingefahrene Wege und schaffen die Basis für Neuverknüpfungen. Dazu machen wir das Vertraute fremd und das Fremde vertraut. Das Prinzip der verzögerten Bewertung soll die Gefühlsblockaden überwinden. Eine vorschnelle Bewertung »tötet« die Ideenproduktion. Lassen wir keine verrückten Ideen zu, fehlen die uns als Anknüpfungspunkte für zusätzliche Ideen. Wir spinnen unzensiert neue Gedankennetze und dürfen dabei auch »spinnen« und verrückte Ideen produzieren. Wir stellen alle möglichen Bedenken, Zweifel und Ängste zurück und denken bei der Ideenproduktion noch nicht an die Umsetzung in reale Aktionen. Bei der kreativen Ideenproduktion kommt es auf dreierlei an:
1. *Möglichst viele Ideen produzieren.* Jetzt kommt es auf die Menge, nicht auf die Qualität der Ideen an. Auswertung und die Bewer-

tung kommen später. Je mehr Ideen Sie haben, desto höher ist die Wahrscheinlichkeit, dass eine realisierbare dabei ist. »Mir fällt nichts Vernünftiges ein, aber wenn ich sehe, was anderen einfällt, fällt mir etwas Besseres ein.« Diese dem Philosophen Leibnitz zugeschriebene Erfahrung spricht für die Ideenproduktion in der Gruppe. Aber auch wenn Sie allein Ideen produzieren, sollten Sie lieber eine dumme Idee aufschreiben als keine. Die abwegige Idee regt Sie zu einer Idee an, die Sie sonst nicht gehabt hätten.

2. *Möglichst unterschiedliche Ideen produzieren.* Aus dem Bekannten möglichst viele unterschiedliche Verknüpfungen herstellen. Die Einzelteile sind ja bekannt, das Neue liegt in der Neukombination des Bekannten.

3. *Möglichst verrückte, originelle Ideen produzieren.* Verrückte Ideen lenken Ihre Gedanken in eine neue Richtung, an die Sie sonst nicht gedacht hätten.

Bei der Vorgehensweise wählen wir unterschiedliche Eskalationsstufen. Zuerst brauchen Sie nur sich selbst und es geht ganz einfach los.

18. Aktivität

Solo-Brainstorming

Hängen Sie das Poster mit Ihrem Ressourcenportfolio auf. Lesen Sie die drei Hauptmotive, drei Hauptfähigkeiten, drei Haupterfahrungen.

Produzieren Sie 50 Ideen zur Frage:

Welcher Plan B entsteht aus einer neuen Kombination der wichtigsten Motive, Fähigkeiten und Erfahrungen?

Schreiben Sie ohne jede Bewertung alles untereinander, was Ihnen spontan einfällt, und sei es noch so verrückt.

Eine stärkere Verfremdung schaffen Sie mit Methoden, die über das einfache Untereinanderschreiben hinausgehen. In der Schule, während der Ausbildung oder des Studiums haben Sie hoffentlich Mindmapping kennen gelernt und als Lerntechnik zur Prüfungsvorbereitung oder für das kreative Schreiben von Aufsätzen oder einer Diplomarbeit erfolgreich eingesetzt. Im Beruf sind Sie auch jeden Tag auf Ideen angewiesen und brauchen die passenden Werkzeuge. Wenn sich Mindmapping in der Kiste Ihrer Denkwerkzeuge befindet, schreiben Sie die 50 Ideen nicht untereinander, sondern produzieren eine Mindmap auf einem Flipchartbogen im Querformat. Sie kennen Mindmapping nicht? Dann wird es höchste Zeit, dass Sie diese Lücke in Ihrem Methodenrepertoire schließen. Schließlich handelt es sich um eine geniale Variante des Brainstormings. Beide Prinzipien, Verfremdung und verzögerte Bewertung, sind in dieser Methode perfekt realisiert.

Befindet sich unter Ihren produzierten Ideen noch kein genialer Plan B, dann ist das eher normal. Schließlich besteht der kreative Prozess aus mehreren Stufen und Sie befinden sich erst auf der ersten. Außerdem sind Sie bisher allein am Werk und können diesen Zustand mit Gewinn ändern. Aber zuerst eine Erläuterung zu den Stufen des kreativen Prozesses. Damit Sie die Unsicherheit aushalten, wenn ein sofortiger Geistesblitz ausbleibt.

1. *Es geht los mit der Präparation.* In dieser Phase sind Sie gerade mit Ihren 50 Ideen oder Ihrer Mindmap. Das ist noch nicht das Ende, sondern erst der Anfang. Deshalb wäre es fatal, wenn Sie gleich mutlos aufgeben würden, wenn noch keine durchschlagende Idee dabei war. Kreativität braucht Zeit. Nobelpreisträger und Patentweltmeister berichten von intensiven und mühsamen Präparationsphasen und Zuständen von Frust und Mutlosigkeit, wenn trotz intensiver Recherchen und Beschäftigung mit dem Problem kein Durchbruch zustande kommen wollte. Manche hatten nach dem Motto »Die anderen waren auch nicht dumm, die es schon erfolglos versucht hatten, und ich schaffe es auch nicht« sogar frustriert aufgegeben. Sich gesagt: »Alles umsonst, schade um den unnützen Aufwand.« Aber plötzlich war der Geistesblitz da, im Urlaub, am Wochenende, auf einer Bergwanderung. Zu einer Zeit, als sich die Tüftler mit dem Problem nicht mehr bewusst beschäftigt hatten.

2. *Darauf folgt die Inkubation.* Zwischen der Präparation (Phase eins) und der Illumination (Phase drei) findet ein unbewusster Inkubationsprozess statt. Das Unterbewusste beschäftigt sich weiter mit dem Problem und produziert alle möglichen Ver-

knüpfungen. Das können Sie bewusst fördern, wenn Sie aufhören, sich krampfhaft weiter mit dem Problem zu beschäftigen. Um Probleme zu lösen, muss man sich vom Problem lösen. Ein weiteres logisches oder gar verbissenes Nachdenken bringt keinen kreativen Durchbruch. »Das rein zielgerichtete Denken ist wie das Abtasten einer Landschaft mit dem engen Strahl eines Suchscheinwerfers. Die Details treten deutlich zutage, aber die Zusammenhänge zwischen ihnen bleiben im Dunkeln. So macht man keine Entdeckungen« (Klein, 2004, S. 133). Sie müssen den Ideen erlauben, dass sie knapp unterhalb der Bewusstseinsebene in heftige Bewegung geraten dürfen und sich in eine neue Ordnung bringen können. Neue und unerwartete Ideenkombinationen entstehen, wenn die Gedanken frei im Kopf herumschwirren, ohne dass man sie in eine bestimmte Richtung zwängt. In diesem günstigen Bewusstseinszustand befinden Sie sich, während Sie eine halbautomatische Aktivität ausüben, zum Beispiel beim Spazierengehen, Joggen, Schwimmen, Radfahren, bei einer Spritztour mit dem Auto. Möglicherweise funktioniert es auch inaktiv, bei einem kleinen Mittagsschläfchen.

3. *Dann kommt hoffentlich die Illumination.* Sobald eine Ideenverknüpfung entsteht, die sich brauchbar anfühlt, springt sie ins Bewusstsein, Sie haben einen Geistesblitz, ein Aha-Erlebnis. Das kann eine brauchbare Lösung sein oder ein erster Lösungsansatz.

4. *Zum Abschluss (oder zum anschließenden Neubeginn) braucht es die Verifikation.* Die Bewertung und Weiterentwicklung der Lösungsansätze führt entweder zum Durchbruch und Sie haben einen Plan B. Oder Sie müssen weitere Präparations-Inkubations-Schleifen absolvieren und den Kreativprozess methodisch und personell eskalieren.

Das Kreativteam

Ausnahmsweise schaffen Sie einen brauchbaren Plan B allein und können sich die nächste Aktivität sparen. Normalerweise müssen Sie jetzt aber das kleine Kreativteam aktivieren, das wir zu

Beginn des vorausgehenden Kapitels angesprochen hatten. Zu zweit oder dritt fördern Sie den Verfremdungseffekt. Die in einer Gruppe größere Gefahr der sofortigen Ideenbewertung neutralisieren Sie durch eine strikte Beachtung der Brainstorming-Grundregeln und durch die schriftliche Ideenproduktion. Das sind die Grundregeln:

– Keine Bewertung oder Kritik während der Ideenfindung.
– Freies Spiel der Gedanken ist erwünscht.
– Jede Idee ist erlaubt, auch verrückte Ideen sind für den Verfremdungseffekt willkommen.
– Die Menge der Ideen, nicht die Qualität ist wichtig.
– Jeder soll die Ideen der anderen weiterentwickeln und eigene Ideen darauf aufbauen.

Eine sinnvolle Brainstormingvariante funktioniert mit Post-it-Einsatz.[31] Jeder bekommt einen Post-it-Block im größeren Format (mindestens 15 × 10 cm) und einen Filzstift.

19. Aktivität

Schriftliches Brainstorming im Team

Hängen Sie das Poster mit Ihrem Ressourcenportfolio auf. Konzentrieren Sie sich auf Motive, Fähigkeiten, Erfahrungen. Besprechen Sie kurz die Brainstorming-Grundregeln. Die Frage lautet: *Welches Betätigungsfeld oder Berufsbild ergibt sich aus einer neuen Verknüpfung meiner Ressourcen?*
Jeder schreibt seine Idee auf einen Post-it-Zettel. Mit feinem Filzstift so groß schreiben, dass es alle lesen können, wenn die Zettel an der Wand (oder auf dem Flipchart oder auf der Metaplantafel) hängen.
Der Erste, der eine Idee geschrieben hat, hält den Zettel hoch, liest seine Idee für alle hörbar vor und klebt den Zettel an die Wand.
Jeder soll mindestens 30 Ideen produzieren, läuft der Ideenfluss weiter, wird nicht abgebrochen.

Übrigens können Sie im kleinen Kreativteam auch mit der Mindmapping-Methode arbeiten. Zuerst produziert jeder für sich eine

Mindmap mit Ideen für passende Betätigungsfelder (15 Minuten). Anschließend produzieren alle gemeinsam aus den individuellen Maps eine große Mindmap, auf einem Flipchart oder im Pinnwandformat. Arbeitet zunächst jeder für sich, kommt ein breiteres Ideenspektrum heraus. Wird ohne individuelle Vorarbeit gleich eine gemeinsame Map erstellt, denken möglicherweise alle Beteiligten zu sehr in eine Richtung.

Die Komplexität verkleinern

Ideen für neue Kombinationen Ihres Ressourcenportfolios können Sie auch auf einer kleineren Komplexitätsstufe suchen. Konzentrieren Sie sich zum Beispiel nur auf Ihre drei Hauptfähigkeiten und stellen sich die Frage: Mit welcher originellen Verknüpfung dieser drei Fähigkeiten kann man etwas auf die Beine stellen? In welchem Beruf, in welcher Tätigkeit kommen diese drei Fähigkeiten gemeinsam vor? Welcher neue Beruf entsteht aus diesen drei Fähigkeiten? Oder Sie reduzieren Ihr Suchfeld weiter und überlegen, was eine Kombination aus der ersten und zweiten Fähigkeitsstärke ergibt, oder die Verknüpfung der ersten Stärke mit der dritten. Das Gleiche können Sie mit Ihren wichtigsten Motiven und wichtigsten Erfahrungen durchspielen. Oder Sie kombinieren das wichtigste Motiv mit der wichtigsten Fähigkeit und der wichtigsten Erfahrung und erforschen kreativ, welches mögliche Berufsbild oder Betätigungsfeld in dieser Verknüpfung steckt.

Ideen sortieren und auswerten

Im Idealfall ist das Ergebnis Ihrer individuellen oder gemeinsamen Ideensuche eine zündende, geniale Idee und Ihr Plan B ist geboren. Normalerweise besteht aber der Erfolg nur zu zehn Prozent aus Inspiration, aus dem Geistesblitz. 90 Prozent des Erfolges bestehen aus Transpiration, aus Mühe und Anstrengung bei der Ideenverwertung. Mit der folgenden Übersicht reduzieren Sie die Ideenfülle und schaffen eine Basis für die Umsetzung in brauchbare Lösungsalternativen:[32]

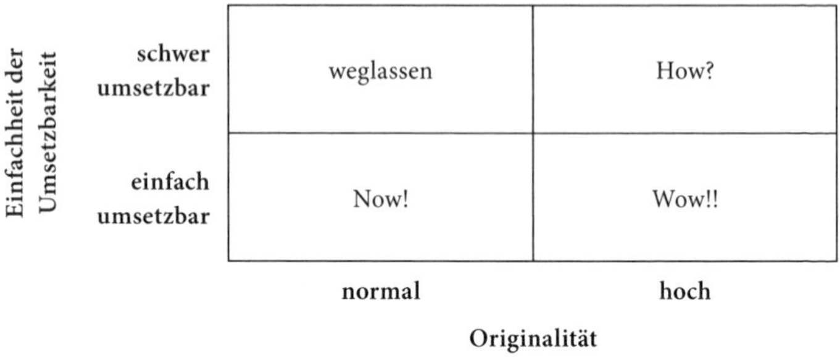

		normal	hoch
schwer umsetzbar		weglassen	How?
einfach umsetzbar		Now!	Wow!!

Einfachheit der Umsetzbarkeit (vertical axis label)

Originalität

Abbildung 6: Ideen systematisch sortieren

Spezialisieren: Besser von Wenigem viel als von Vielem wenig Ahnung haben

Aus den vielen Ideen soll ein Plan B »herausschlittern«. Berücksichtigen Sie beim »Eindampfen« der Ideenvielfalt einen Aspekt: Mit einem speziellen Plan B werden Sie mehr Erfolg haben als mit einem generellen. Als Generalist decken Sie ein breites Feld an Fähigkeiten ab und stehen unter großem Konkurrenzdruck, weil es viele andere Leute gibt, die das Gleiche draufhaben wie Sie. Über den Niedergang der großen Kaufhäuser hat ein Jörg Häntzschel gesagt: »Wer alles ein bisschen macht, macht nichts richtig.« Wuchern Sie besser mit Ihren Pfunden als Unikat. So eine(n) wie Sie gibt es nur einmal auf der Welt. Ihre Ressourcenkombination ist einzigartig. Das ist Ihr Alleinstellungsmerkmal. Damit können Sie einem Arbeitgeber oder einer Zielgruppe einen speziellen Nutzen bieten und treffen auf wenig Konkurrenz.

Notieren Sie im **Plan-B-Buch** Ihr entscheidendes Zwischenergebnis: Das ist mein Plan B:

_____

_____

_____

_____

_____

_____

_____

Möglicherweise ergeben sich aus dem Jonglieren mit Ihren wichtigsten Ressourcen zusätzliche Alternativen für berufliche Perspektiven. Die halten Sie als mögliche Pläne C oder D im **Plan-B-Buch** fest.

Ressourcen kreativ kombinieren

Was kann eine Frau überhaupt nicht riechen? Eine Duftdoppelgängerin! So eine Begegnung der unheimlichen Art gab es auf einer Berliner Party und das hat eine der Stereoduftenden geärgert. Das haben die Brüder Matti und Yannis Niebelschütz und ihr gemeinsamer Freund Patrick Wilhelm mitbekommen. Und hatten den richtigen Riecher und die passende Lösungsidee für dieses Problem. Seit drei Jahren wehen aus einem Loft in Berlin-Schöneberg Düfte in die weite Welt. Die Kunden können sich per Internet aus zwölf Duftrichtungen und 43 Zutaten, die in zehn Intensitätsstufen eingemischt werden, ihr individuelles Duftunikat zusammenstellen. Weil sich daraus über 26 Billionen unterschiedliche Parfümkompositionen kreieren lassen, gibt es keine Duftdoppelgängerin mehr. Lässt sich der Lieblingsduft am Computer zusammenmischen, braucht es dazu keine Nase? Das haben die drei von »myparfuem« kreativ gelöst. Die Kunden bestimmen ihren Dufttyp, wählen Duftnoten aus, designen und beschriften ihren Flakon und ab geht die Post, mit Rückgaberecht (Schmitz, 2010, S. 9).

Ihr Plan B

Es gibt nichts Gutes,
außer man tut es.

Erich Kästner

Sie haben ihn!

Als Erstes »klopfen« Sie Ihren Plan B auf Restriktionen ab. Kollidiert er mit Ihren tragenden Werten und Überzeugungen? Passt er möglicherweise nicht zu bestimmten Facetten Ihrer Person? Geben Ihre Werte und Ihre Person grünes Licht, dann haben Sie folgende Möglichkeiten:

Sie legen Ihren Plan B in die Schublade. Dort liegt er, bis Sie ihn brauchen. Vielleicht brauchen Sie ihn nie. Trotzdem lebt es sich mit einer Alternative besser als mit einer leeren Schublade. In Ängsten findet manches nicht statt, was ohne Alternative stattgefunden hätte.

Sie machen mehr aus Ihrem Plan A. Sie reichern Ihre derzeitige Tätigkeit, die Sie nicht aufgeben wollen, mit Elementen aus dem Plan B an und erhöhen Ihre Zufriedenheit. Oder verwirklichen die in Ihrem jetzigen Job nicht auslebbaren Ressourcen in einem Hobby.

Sie realisieren Ihren Plan B nebenbei. Ihr derzeitiger Job hat das Maß Ihrer Unzufriedenheit noch nicht überstrapaziert. Sie machen weiter wie bisher und bauen sich nebenbei ein zweites Standbein auf. Irgendwann können Sie umsteigen, wenn Sie wollen. Und wenn Sie müssen, sind Sie dazu in der Lage.

Sie brauchen den Plan B für die Karriere nach der Karriere. Dann kommt es noch auf einige Randbedingungen an. Sind Sie in Ihren Entscheidungen frei, weil Sie finanziell ausgesorgt haben? Müssen Sie dazuverdienen, weil die Rente nicht reicht? Oder sind Ihnen die finanziellen Gegebenheiten gar nicht so recht klar? Dann machen Sie zuerst einen Kassensturz, dann wissen Sie, was Sache ist. Sind Sie auf einen Zuverdienst nicht angewiesen, erweitert sich Ihr potenzielles Betätigungsfeld um alle möglichen ehrenamtlichen und sozialen Einsätze und Sie können die ganze Sache locker angehen. Brauchen Sie den Zuverdienst, dann müssen Sie das nächste Kapitel ernst nehmen.

Sie machen Ernst und steigen um. Sie gehen an die Verwirklichung von Plan B, weil Sie müssen oder unbedingt wollen. Dann suchen Sie mit Hilfe des nächsten Kapitels das richtige Betätigungsfeld, den passenden Job oder eine realisierbare Geschäftsidee.

Sie trauen sich nicht. Sie haben einen erfolgversprechenden Plan B, aber Sie zögern. Ihr Leidensdruck im unbefriedigenden Job ist groß, aber für einen Umstieg nicht groß genug. Beenden Sie das anhaltende Unbehagen, die nagende Unzufriedenheit. Lassen Sie Ihre Situation eskalieren. Werfen Sie Ihren Rucksack über die Mauer! Schaffen Sie vollendete Tatsachen. Sehen Sie zu, dass Ihnen nichts anderes übrig bleibt. Werfen Sie den Bettel hin oder sagen Sie Ihrem Chef die Meinung. Dann brauchen Sie gar nicht hinschmeißen, dann fliegen Sie.

Sie haben Ihren Plan B (noch) nicht gefunden?

Das ist kein Grund zur Resignation. Sie sind trotzdem nicht alternativlos. Gehen Sie an das nächste Kapitel. Dort warten auch ohne fertigen Plan B Chancen auf Sie. Manche Ressourcen werden erst dann zu Möglichkeiten, wenn sich die passenden Chancen um sie herum entwickelt haben. Anders gesagt: Sie besitzen jede Menge Lösungen, die nur noch kein Problem gefunden haben. Das ist Ihre erste Chance. Mit der Arbeit an Ihrem Ressourcenportfolio haben Sie nebenbei, ohne es zu merken, den Zufall geplant. Das ist Ihre zweite Chance. Im nächsten Kapitel werden Sie bei der Suche nach Problemen für Ihre Lösungen möglicherweise etwas finden, was Sie gar nicht gesucht haben. Das heißt Serendipität und ist Ihr dritter Zusatzjoker.

Aber bitte mit Sahne

Eine Französin, die in der Wirtschaftskrise ihren gut bezahlten Job als Unternehmensberaterin verloren hat, will erkunden, ob sie mit Eis aus der Krise kommen kann. Ein italienischer Modehändler will sich auf die Probe stellen und etwas Neues probieren. Ein mexikanischer Maschinenbauingenieur, der in der Automobilindustrie arbeitet, interessiert sich für andere Geschäftsmöglichkeiten. Eine Finnin überlegt mit ihrem amerikanischen Mann, ob sie gemeinsam eine Eiskarriere in Kalifornien starten sollen. Das sind fünf von 44 Kursteilnehmern, die beim italienischen Eismaschinenhersteller Carpigiani in der Nähe von Bologna die Schulbank drücken. In der »Gelato University« lernen potenzielle Eisdielenbesitzer nicht nur, wie Eis hergestellt wird, sondern auch, wie man das Geschäft profitabel führt. »An die 15 Prozent der Teilnehmer bestellen binnen eines Jahres ihre Ausrüstung bei Carpigiani«, berichtet Direktor Sassoli (Sauer, 2010).

Wie Sie mit Ihrem Plan B
die Kurve kriegen

Sehen Sie zu, dass Sie Ihren Plan B bald wieder loswerden.
Je dringender Sie ihn nötig haben, desto schneller müssen
Sie ihn in Ihren neuen Plan A verwandeln. Dazu braucht es
einen Mix aus Wahnsinn und Chancenschnüffelei. Außer-
dem sollen Sie den Zufall planen und Chancen finden, die
Sie gar nicht gesucht haben.

Wie Sie Ihr Chancenmanagement
zum Laufen bringen

Jeder Mensch ist von Gelegenheiten umgeben.
Aber sie existieren erst, wenn man sie erkannt hat.
Und man erkennt sie nur, wenn man nach ihnen sucht.

Edward de Bono

Sie haben keine Chance, aber nutzen Sie sie!

Es stimmt. Wir haben keine Chance. Diese Tatsache müssen wir nutzen. Am 18. Januar 2011 wurde das Unwort des Jahres auf den Sockel gehoben: »alternativlos«. Dieses Wort sollen Sie vergessen. Es will Ihnen einreden, Sie hätten keine Chance, keine andere Möglichkeit. Dabei haben Sie in Wahrheit wirklich keine einzige Chance, sondern mehrere. Mindestens drei, weiß das jüdische Sprichwort: »Wenn du zwei Möglichkeiten hast, wähle die dritte.« Jetzt sind wir zwar von Gelegenheiten umzingelt, aber wir sehen sie nicht, solange wir nicht danach suchen. Zu unserer derzeitigen beruflichen Situation würde uns eine Alternative reichen. Wir wären zufrieden, wenn wir mit unserem Plan B auf einem vernünftigen Tätigkeitsfeld landen könnten und er unser neuer Plan A würde. Mit dem richtigen Chancenmanagement sollte das zu schaffen sein.

»Je besser wir bei einer bestimmten Tätigkeit oder Unternehmung werden, desto wahrscheinlicher lassen wir ein Gebiet möglicher Chancen zurück«, sagt der Chancensucher Edward de Bono (1992, S. 17). Eine bedeutsame Entwicklung in eine besondere Richtung ist automatisch eine Entwicklung von einem Bereich weg, der zurückgelassen wird. Je prächtiger Sie sich in Ihrem bisherigen Job entwickelt haben, desto mehr ungenutzte Chancen liegen als Leichen in Ihrem Keller. Dazu hat auch eine Grundhaltung beigetragen, die uns in unserer Ausbildung antrainiert wurde. Wir sind eher Problemlöser als Chancensucher und lösen Probleme, wenn sie da sind. Damit verpassen wir Möglichkeiten, die da sind, lange bevor ein Problem auftaucht. Wir sind nicht darin geübt,

Bereiche zu erkennen, in denen die Entwicklung von Ideen sinnvoll sein könnte. Unser Hauptanliegen ist es, eine berufliche Krise zu verhindern. Wir sollen dazu nach Alternativen suchen, solange wir zufrieden sind, solange wir keinen Anlass dazu haben. Die verhinderte Krise soll die Lösung sein, aber sie ist auch ein Problem. »Der Haken ist, dass es keinen logischen Grund gibt, nach Alternativen zu suchen, solange wir mit dem, was wir haben, nicht unzufrieden sind« (de Bono, 1992, S. 175).

Sind Sie Lokführer, Arzt, Bauer oder Fischer?

Edward de Bono unterscheidet vier Jobtypen: den Lokführer, den Arzt, den Bauer und den Fischer. Der Lokomotivführer bewegt sich im Rahmen seiner Streckennetze und Fahrpläne. Sein Hauptmotiv ist, den Betrieb reibungslos am Laufen zu halten, seine Aufgaben innerhalb eines vorgegebenen, etablierten Systems perfekt zu erfüllen. Der Arzt ist ein Problemlöser. Er hat es mit dem Organismus seiner Patienten zu tun. Tauchen Probleme auf, versucht er sie zu lösen. Er sucht und beeinflusst Ursachen oder kuriert mindestens Symptome. Bei Abwesenheit von Problemen hat er seinen Job gut gemacht. Beim Problemlösen muss er kreativ sein, aber die Chancensuche gehört nicht zu seinem Berufsbild.[33] Der Bauer sitzt auf seiner Scholle und will ihr möglichst hohe Erträge abringen. Er ist Problemlöser, wenn er mit biologischen oder chemischen Mitteln seine Saaten vor Schädlingen schützt, und Chancensucher, wenn er im Stall oder auf dem Feld mit Neuzüchtungen experimentiert. Er bleibt aber innerhalb seines vorgegebenen Wirkungsbereiches. Der Fischer ist ein totaler Chancensucher. Er geht Risiken ein und versucht mit seinen Fischzügen alle sich ihm bietenden Chancen zu nutzen. Dazu hat er sich alle möglichen Fähigkeiten und Erfahrungen angeeignet. Sie sind in Ihrem bisherigen Tätigkeitsfeld vermutlich als Lokführer, Arzt oder Bauer unterwegs. Und das war auch gut so. Wenn aber aus Ihrem Plan B ein neuer Plan A werden soll, müssen Sie Ihre Lok, Ihre Arztpraxis und Ihren Hof verlassen, in die Fischerrolle schlüpfen und zu neuen Fanggründen aufbrechen.

Leiden Sie möglicherweise unter der Notwendigkeit?

Bevor wir aufbrechen, prüfen wir, ob Ihr Kopf mitspielt. Möglicherweise müssen Sie Ihren mentalen Autopiloten auf Chancensuche umprogrammieren. Vielleicht kreist Ihr Denken zu sehr um Notwendigkeiten und zu wenig um Möglichkeiten. Ein notwenigkeitsgesteuerter Mensch reagiert auf Gegebenheiten und beugt sich den Zwängen des Lebens. Er tut etwas, weil er es tun muss. Er geht durchs Leben und nimmt, was gerade verfügbar ist, und findet sich damit ab: Partner, Auto, Wohnung, Beruf. Motto: Jetzt habe ich es, zufrieden bin ich eigentlich nicht, aber es ist halt so, wie es ist. Anders der möglichkeitsdominierte Mensch: Der ist proaktiv und tut etwas, weil er es will. Sucht nach neuen Wegen, neuen Erfahrungen, nach Wahlmöglichkeiten. Er interessiert sich für das Unbekannte und will wissen, welche Entwicklungen möglich sind, welche Gelegenheiten er am Schopf packen kann. Mit den folgenden Leitlinien können Sie Ihre proaktive Potenz ausloten und steigern (Stiefel, 2000):

- Ich halte ständig nach Wegen Ausschau, wie ich mein Leben verbessern kann.
- Überall, wo ich war, war ich eine treibende Kraft für konstruktive Veränderungen.
- Ich unternehme etwas aus eigenem Antrieb, bevor ich durch die Umstände oder eine Person dazu aufgefordert werde.
- Es ist nichts aufregender, als zu sehen, wie meine Ideen in die Tat umgesetzt werden.
- Wenn ich etwas sehe, was mir nicht gefällt, bringe ich es in Ordnung.
- Egal wie die Chancen stehen, wenn ich von einer Sache überzeugt bin, führe ich sie durch.
- Ich liebe es, der Anwalt für meine Ideen zu sein, auch gegen die Opposition anderer.
- Ich zeichne mich dadurch aus, Gelegenheiten zu erkennen.
- Ich bin ständig auf der Suche nach Wegen, wie man Dinge besser machen kann.
- Wenn ich von einer Idee überzeugt bin, hält mich kein Hindernis davon ab, sie zu verwirklichen.
- Ich kann eine Gelegenheit lange vor anderen erspähen.

Wo ist das Problem für Ihre Lösung?

Chancensucher sind wahnsinnig. Sie sehen Probleme, wo keine sind. Aber genau darauf kommt es jetzt an. Nur so können Sie mit Ihrem Plan B etwas Sinnvolles anfangen. Sie haben jede Menge Lösungen anzubieten. Die müssen Sie mit den passenden Problemen verknüpfen. Die Verknüpfung unterschiedlicher Bezugssysteme ist schließlich eine Definition der Kreativität. Werden Sie also ein problemsensibler Chancenschnüffler. Sehen Sie Probleme, wo andere keine sehen. Ergreifen Sie Chancen, an denen Problemblinde vorbeigehen. Finden Sie Tätigkeitsfelder, auf denen Sie mit Ihren Ressourcen punkten können. Eine Voraussetzung dafür besitzen Sie bereits. Die Arbeit am Plan B hat Ihre Wahrnehmung verändert. Seit Sie mit Ihrem Plan B schwanger gehen, nehmen Sie selektiv wahr. Sie haben Ihre Antennen ausgefahren. Sie sind problemsensibel und auf »Erkenne Probleme, die meine Lösungen brauchen« programmiert.

Wo ist der Job für Ihren Plan B?

Wenn Richard Bolles recht hat, sind Sie kurz vor dem Ziel, weil Sie sich ausführlich mit sich selbst beschäftigt und Ihre Hausaufgaben erledigt haben: »Sie benötigen nur halb so viel Auskünfte über den Jobmarkt, wie Sie zunächst vermuten, aber doppelt so viele Informationen über sich selbst« (Bolles, 2009, S. 15). Jetzt müssen Sie nur noch herausfinden, wo auf dem Jobmarkt Leute Ihres Ressourcenkalibers gebraucht werden, welche Unternehmen oder Organisationen solche Jobs anbieten und wer dort die Person ist, die die Macht hat, Sie einzustellen. Hätte der Personalchef seine Hausaufgaben gemacht und seinen de Bono gelesen, dann wäre er ein Chancensucher und Sie würden mit dem passenden Plan B offene Türen einrennen. Der Personaler würde genau untersuchen, ob Sie als Bewerberin oder Bewerber eine ungewöhnliche Kombinationsgabe aus Können und Erfahrung haben, die dem Unternehmen von Nutzen sein könnte. Wäre das so, aber im Moment keine passende Stelle frei, dann würde ein Posten für Sie geschaffen (de Bono, 1992, S. 36). Ganz so einfach läuft es aber normalerweise nicht. Es sei denn, Sie wären ein Politiker, den man irgendwo unterbringen muss, weil man ihn aus seinem jetzigen Amt verabschieden will. Die meisten Personalchefs sind auch keine Chancensucher, sondern Problemlöser. Ihr Job ist die Stellenbesetzung und nicht die Stellenerfindung. Allerdings haben Sie als Bewerberin oder Bewerber auch beim Problemlöser gute Karten, wenn Sie ihm überzeugend klarmachen, dass genau Sie die Lösung für sein offenes Problem sind.

Da hat Richard Bolles auf jeden Fall recht: »Es gibt immer freie Stellen« (Bolles, 2009, S. 29). Natürlich werden Leute entlassen, aber es gibt auch die normale Fluktuation. Leute wechseln, ziehen um, werden krank oder pensioniert, machen sich selbständig. »Jedes Jahr geben Menschen in Deutschland Jobs aus unterschiedlichen Gründen auf, und diese Stellen müssen durch Neueinstellungen wieder besetzt werden. Allein im Jahr 2007 wurden nach Angaben der Bundesagentur für Arbeit rund 7,6 Millionen Beschäftigungsverhältnisse begonnen, gleichzeitig aber auch etwa 7 Millionen beendet« (Bolles, 2009, S. 30 f.). Dann ist da noch ein entscheidender Punkt für Ihre Chancensuche: Fast ein Drittel aller Neueinstellungen kommt über persönliche Kontakte oder über Mitarbeiter von Unternehmen zustande.[34] Werden Sie in dieser Richtung aktiv. Überlegen Sie, wen Sie alles kennen, wer Kontakte zu Entscheidungsträgern knüpfen kann. Das sind mehr Leute, als Sie spontan glauben. Informieren Sie Ihren Bekanntenkreis, ehemalige Kollegen, alle möglichen Leute in allen möglichen Firmen, mit denen Sie schon einmal Kontakt hatten und zusammengearbeitet haben. Sammeln Sie Informationen über die von Ihnen ins Auge gefassten Jobs. Recherchieren Sie alles über potenzielle Arbeitgeber, bei denen es solche Jobs gibt. Personalchefs sind bei Vorstellungsgesprächen oft erstaunt, fast etwas beleidigt, wie wenig Bewerber über die Firma wissen, für die sie arbeiten wollen. Versuchen Sie, Ihren Fuß in die Tür zu bringen. Interviewen Sie Leute, die Ihren Wunschjob haben. Vielleicht dürfen Sie eine Schnupperlehre absolvieren. Finden Sie die Entscheidungsträger und nehmen Sie Kontakt auf. Vielleicht treffen Sie auf einen Chancensucher, der Ihre Lösungen brauchen kann.

Zielt Ihr Plan B in Richtung Selbständigkeit? Haben Sie eine Geschäftsidee? Vielleicht können Sie diese Option als Nebentätigkeit zum Laufen bringen und sehen, ob die Idee trägt und sich zum Hauptjob ausbauen lässt. Fehlt irgendwo ein Nachfolger? Fahren Sie Ihre Antennen aus. Hier sind noch einige Ideen für Ihre Chancensuche:

– *Suchen Sie nach Nischen:* »Der Einfalt der Masse folgt die Vielfalt der Einzelnen. Es entstehen Nischenmärkte, die den Handel neu segmentieren und strukturieren« (Egli u. Gremaud, 2008, S. 1). Fragen Sie sich, was von den Großen im Markt abgedeckt wird und welche Lücken es im Angebot gibt, weil es sich für die Großen nicht lohnt, dort tätig zu werden.

– *Suchen Sie nach Dienstleistungschancen:* Die zunehmende Komplexität des Lebens führt zur Sehnsucht nach Einfachheit. Die wachsende Zeitknappheit lässt die Nachfrage nach Dienstleistungen steigen, die zur Zeitentlastung beitragen. Kunden suchen nach Hilfe zur Alltagsbewältigung. Service und Unterstützung der Kunden werden zur wichtigen Zusatzfunktion für die Anbieter (Egli u. Gremaud, 2008, S. 2). Leben Sie etwas intensiver. Ärgern Sie sich wenigstens richtig, wenn Sie sich das nächste Mal über etwas ärgern. Suchen Sie nach den Ursachen des Ärgers. Wo liegt das Problem? Wie könnte man es lösen und künftigen Ärger vermeiden? Wäre das möglicherweise eine Geschäftsidee? Sie müssen warten. Dann nutzen Sie die Zeit und überlegen, wie sich dieses Problem vermeiden lässt. Wie sich Wartende beschäftigen, ablenken, trösten, entschädigen lassen. Sie haben etwas nicht kapiert. Warum nicht? Wie muss es laufen, damit Sie es kapieren? Lässt sich mit der Optimierung von Bedienungsanleitungen Geld verdienen? Was funktioniert nicht? Was fehlt? Wo tun sich Leute schwer? Dieses leidige Problem, ein passendes Geschenk zu finden. Wie könnte man es lösen, wie wem helfen?

– *Suchen Sie nach Synergiechancen:* Kombinieren Sie verschiedene Aktivposten Ihres Ressourcenportfolios. Was ergänzt sich gegenseitig?

– *Suchen Sie nach Kielwasserchancen:* Während wir bei einer Tätigkeit immer besser werden, neigen wir dazu, Bereiche zurückzulassen, die sich zu neuen Chancen entwickeln könnten. Hervorragende Leistung bei der Entfaltung in eine Richtung schränkt die Entwicklung anderswo ein. »Es ist beinahe unvermeidlich, dass schiere Brillanz in einer Richtung zur Entstehung von Chancen in ihrem Kielwasser führen wird« (de Bono, 1992, S. 195). Was haben Sie zurückgelassen? Welche günstigen Gelegenheiten ergeben sich daraus?

– *Suchen Sie nach Abfallproduktchancen:* Gibt es Produkte, die für manche Leute kaum Wert und für andere Leute viel Wert haben? So etwas gibt es bei Geschäftsauflösungen, auf dem Sammlermarkt, dem Gebrauchtwarenmarkt.
– *Suchen Sie nach Verknüpfungen:* Können Sie Ihr Plan-B-Leistungsangebot mit einem anderen Beruf verknüpfen oder mit einem anderen Unternehmen oder einem Freiberufler? Kann man Leistungsangebote unterschiedlicher Branchen verknüpfen und eine Kombination schaffen, die es bisher nicht gab?
– *Suchen Sie nach Verfremdungschancen:* Holen Sie sich aus einer vollkommen fremden Branche oder einem völlig unterschiedlichen Tätigkeitsfeld Anregungen für eigene Leistungsangebote.
– *Hinterfragen Sie Gängiges:* Loten Sie Spielräume für innovative Leistungsangebote aus, hinterfragen Sie gängige Berufsbilder, Geschäftskonzepte, Produktkonzepte (Förster u. Kreuz, 2005).

Schatzsucher findet Holzabfälle

Das ist für Hubert Rupp (40) der schlimmste Fall, da bleibt nichts für ihn übrig: Der Abbruch eines alten Hofes läuft als Feuerwehrübung. Der Landwirt zündet ihn an, die freiwillige Feuerwehr kommt, trinkt Bier und bewacht das Feuer. Zum Glück für ihn kommt das selten vor und er kann aus Abbruchhäusern Deckenbalken und Dielenbretter retten. Irgendwann hat Zimmerermeister Rupp gemerkt, dass manche Leute für einen alten Balken, für einen Boden mit alten Dielen richtig viel Geld zahlen. Inzwischen hat er sein Neugeschäft aufgegeben, sich auf den Handel mit historischem Holz verlegt und kann sich vor Anfragen kaum retten (Prokopy, 2010, S. 36).

Phantasie: Dort sein, wo man hin will

Phantasie ist wichtiger als Wissen,
denn Wissen ist begrenzt.

Albert Einstein

Ein Produkt muss man erst träumen, weiß Enzo Ferrari, und wie traumhaft Sie seine Produkte finden, weiß ich nicht. Aber seine Idee können wir in jedem Fall ausprobieren.

20. Aktivität

Ein Tag in fünf Jahren – Sie arbeiten im neuen Job!

Stellen Sie sich in Ihrer Phantasie einen Tag in fünf Jahren vor:
Aus dem ehemaligen Plan B ist Ihr Plan A hervorgegangen und Sie ar-
beiten in diesem neuen Tätigkeitsfeld.
Malen Sie sich den Tag möglichst konkret aus. Sie gehen morgens ans Werk:

– Im eigenen Geschäft? Was stellen Sie her? Was verkaufen Sie? Wen beglücken Sie mit welcher Dienstleistung?
– Angestellt? In welchem Betrieb? Was ist Ihre Aufgabe?
– Als Freiberufler? Mit welchem Tätigkeitsinhalt?
– Als Rentner? Wie verbringen Sie Ihren Tag?

Auswertung: Welche Hinweise für mögliche Tätigkeitsfelder leiten Sie aus Ihrer Phantasie ab?
– Wie sicht mein Traumjob aus?
– Wie weit bin ich davon weg?
– Wie komme ich dort hin?

Notieren Sie Ihre Erkenntnisse im **Plan-B-Buch**.

21. Aktivität

Zusatzerkenntnisse aus dem Eingangsfragebogen

Lesen Sie im **Plan-B-Buch** die Antworten zu folgenden Fragen:

Nr. 23: Wo hätten Sie gern einen Zweitwohnsitz?
Welche Rückschlüsse ziehen Sie daraus bezüglich Ihres Erstwohnsitzes? Welche Elemente, die der erträumte Zweitwohnsitz aufweist, vermissen Sie dort, wo Sie jetzt verortet sind? Sollten Sie für die Realisierung Ihres Plan B einen Ortswechsel in die Überlegungen aufnehmen? Wäre Ihr Plan B mit einem Ortswechsel leichter zu realisieren?

Nr. 24: Wessen Job hätten Sie gern?
Gibt es eine Verbindung zu Ihrer Zukunftsprojektion? Einen Job, den Sie gern hätten, könnten Sie vermutlich auch bewältigen? Wo gibt es solche Jobs? Haben Sie die passenden Ressourcen dafür?

Nr. 25: Was ist Ihr Traum vom Glück?
Deckt er sich mit der Fünfjahresphantasie? Oder hat Ihr Traum vom Glück vor der Erstellung des Ressourcenportfolios anders ausgesehen als jetzt?

Mit Phantasie die Nische finden

Manche Leute träumen von italienischen Produkten, die rot lackiert sind und tief auf der Straße liegen. Andere Leute finden Produkte, die auf der Straße liegen, weil es eine Lücke im Angebot gibt. Monika Geßl fand in ihrer neuen Heimat München keine hübschen Ansichtskarten, mit denen sie ihren Freunden zeigen konnte, wo sie jetzt lebt. »Unterwegs in München fand sie immer wieder gute Motive – aber die gab es nicht als Postkarte zu kaufen.« Sie begann, ihre Postkarten selber zu fotografieren. »Das war vor zwölf Jahren. Heute hat die 43-jährige Architektin mit ihren im Eigenverlag ›Blickpunktwechsel‹ produzierten Karten für sich erfolgreich eine Nische erobert, die sie mit gegenwärtig rund 1000 Stadtansichten von München, Bayern, Hamburg, Köln und Regensburg besetzt hält« (Hordych, 2011, S. 38).

Was Sie mit Ihrem Plan B unternehmen

Die Zahl der beruflichen Möglichkeiten
ist sehr viel größer als Phantasie und Mut
zu ihrer Realisierung.

Fritz Stoebe

Management by options

Planen heißt, »sich um die beste Methode zur Erreichung eines zufälligen Ergebnisses mühen«, meint Karl Weick, ein Querdenker unter den Organisationstheoretikern, und setzt noch eins drauf: »Pläne sind als entscheidende Komponenten der erfolgreichen Ausführung effektiver Handlungen überschätzt worden« (Weick, 1995, S. 22 f.). Nehmen Sie also Ihren Plan B ernst, aber nicht zu ernst. In Wahrheit ist es ja die vornehmste Aufgabe eines Planes, sich selbst zu beerdigen, wenn der beabsichtigte Zweck erfüllt, das angepeilte Ziel erreicht ist. Das führt uns zum nächsten Problem. Sie besitzen ein vielseitig kombinierbares Angebot von Motiven, Fähigkeiten und Erfahrungen. Das ist in Ihrem Plan B gebündelt, aber es wären auch einige andere Kombinationen, einige Alternativpläne möglich gewesen. Dort, wo Sie mit Ihrem Plan B landen wollen, Ihrem neuen Betätigungsfeld, haben wir es auch mit einer hohen Komplexität zu tun. Die Fülle der Möglichkeiten für eine angestellte oder selbständige Betätigung ist unüberschaubar. Mit den herkömmlichen Methoden der Zielsetzung und Zielumsetzung können Sie da wenig anfangen. Überhaupt stehen Ziele, die man sich irgendwann einmal setzt, einer konsequenten Chancennutzung eher im Weg, als dass sie zum Erfolg führen. Weil ein starres Zielmanagement nicht mehr den Anforderungen unserer flexiblen und komplexen Welt entspricht, sieht Wolfgang Vieweg die Lösung in einem Optionsmanagement. Man setzt keine Ziele, sondern arbeitet mit Optionen. Das führt zwar zu etwas mehr Chaos, begünstigt aber das Chancenmanagement. In einem leicht chaotischen Artikel erklärt Vieweg seinen Ansatz: »Management by Options animiert, unablässig Chancen aufzuspüren, kleine Vorleistungen zu erbringen, um – die Hebelwirkung solcher Vorleistungen ausnutzend – an Chancen verheißende Optionen heranzukommen. Wenn sich die aktuelle Situation insgesamt vorteilhaft entwickelt, wird der Optionshalter die Option ausüben, um schließlich den Nutzen aus der damit verbundenen Chance zu realisieren. Andernfalls lässt er die Option verfallen – oder hält sie weiter, bis gegebenenfalls die Konstellationen günstiger sind« (2003, S. 22). Wir können uns trotzdem vorstellen, wie das gemeint ist: stets mehrere Eisen im Feuer haben und so jederzeit in der Lage sein, sich plötzlich auftuende Chancen zu ergreifen.

Suchraumbegrenzung: Sind Sie der geborene Unternehmer?

Zu viele Eisen dürfen Sie nicht ins Feuer legen, sonst geht es aus. Den Suchraum können Sie halbieren, wenn Sie entschieden haben, ob Sie Ihr Glück eher in einem Job als Angestellter suchen oder ob es Sie in die Selbständigkeit zieht. Wie groß ist Ihr Drang, etwas Eigenes auf die Beine zu stellen? Sind Sie der geborene Unternehmer?

Haben Sie bereits während Ihrer Schulzeit kleine Geschäfte abgewickelt oder mit etwas gehandelt? Besitzen Sie unternehmerische Kreativität? Das sind Leute mit Geschäftsideen. Denen ist der Aufbau eines eigenen Unternehmens wichtiger als eine Karriere in einem anderen Unternehmen. Die wollen durch persönlichen Einsatz und mit eigenen Ideen ein Produkt schaffen oder etwas auf die Beine stellen. Dieser Drang zu etwas Eigenem ist verbunden mit dem Wunsch nach Selbständigkeit und Unabhängigkeit. Man will die Arbeit so tun, wie man es für richtig hält, die Arbeitsweise selbst bestimmen und die Zeit einteilen, wie man will. Selbständigkeit, Freiheit und die Abwesenheit von Vorschriften und Einschränkungen sind wichtiger als Sicherheit. Sind Sie sicher, dass Ihnen Sicherheit nicht so wichtig ist? Schauen Sie mal in Ihr Motivprofil. Dort sollte Ihr Ruhemotiv schwach ausgeprägt sein. Dann sind Sie unternehmungslustig – oder sollen wir besser »unternehmerlustig« sagen – und unerschrocken, zeigen Risikobereitschaft und blühen unter Druck auf.

Notieren Sie Ihre Erkenntnisse zur Frage »Unternehmer: Ja oder nein?« im **Plan-B-Buch.**

Sie sind nicht für jeden Job gebaut. Da brauchen Sie sich nur ein paar Gedanken zu Ihren fünf wesentlichen Persönlichkeitseigenheiten machen. Wie sehen Sie sich selbst? Welches sind die herausgehobenen Stärken Ihrer Person? Außerdem kommen jetzt auch Ihre Schwächen ins Spiel. Die stehen in Ihrem **Plan-B-Buch**. Sehen Sie nach, was Sie dazu über sich herausbekommen haben und was Sie besser bleiben lassen sollten. Auch hier wäre es gut, wenn Sie sich Rückmeldungen von Leuten holen würden, die Sie gut kennen. Was meinen die, wofür Sie geeignet sind und welcher Job nicht zu Ihnen passt? Aus dem Selbst- und Fremdbild zu den Eigenheiten Ihrer Person ziehen Sie Schlüsse für die Wahl potenzieller Betätigungsfelder.[35] Hier sind einige beispielhafte Anregungen für Ihre Überlegungen:

– *Emotionale Stabilität:* Ruhen Sie in sich selbst, bleiben Sie auch in stressigen Situationen entspannt oder fühlen Sie sich unsicher und nervös? Von Jobs mit Feuerwehrcharakter sollten Sie bei fehlender emotionaler Stabilität besser die Finger lassen. Ob Sie sonst als Firmengründer die Turbulenzen der ersten Jahre unbeschadet überstehen, ist fraglich. Der Gegenpol der emotionalen Stabilität ist der Neurotizismus. Solche Typen sind empfänglich für den emotionalen Schmerz von anderen und geben gute Therapeuten und Pflegende ab.

– *Extraversion:* Sind Sie kontaktfreudig und nach außen gekehrt oder sind Sie zurückhaltend und bleiben eher im Hintergrund? Als introvertierter Typ gewinnen Sie im Verkauf keinen Blumentopf und der geborene Führer sind Sie auch nicht gerade.

– *Offenheit:* Sind Sie von Haus aus wissbegierig und kreativ oder ist es mit Ihrer Phantasie nicht so weit her, schätzen Sie eher die Routine? Bei geringer Offenheit werden Sie in künstlerischen Betätigungsfeldern nicht glücklich.

– *Verträglichkeit:* Sind Sie ein freundlicher Typ, kommen Sie gut mit Ihren Mitmenschen aus oder benehmen Sie sich anderen gegenüber eher kritisch und abweisend? Eine gering ausgeprägte Verträglichkeit ist nichts für Grundschullehrer oder Krankenschwestern. Dagegen dürfen Steuerprüfer nicht zu nett sein und ein Verteidiger ohne gesunde Aggressivität wird es im Gerichtssaal schwer haben.

- *Gewissenhaftigkeit:* Sind Sie ein geplanter Perfektionist oder ein flexibler Chaot? Beide Typen erfahren einiges über sich selbst in meinem Buch über perfektes und chaotisches Zeitmanagement (Rühle, 2011).

Aus den Erkenntnissen zu Ihren tragenden Werten und Überzeugungen gewinnen Sie weitere Kriterien für den Ausschluss potenzieller Betätigungsfelder. Welches sind Ihre drei wichtigsten Werte und Überzeugungen aus dem **Plan-B-Buch?** Wofür geben Sie sich für keinen Fall her? »Aufrichtigkeit« und »Ehrlichkeit« vertragen sich kaum mit der Tätigkeit in einem Strukturvertrieb für Versicherungen. »Nachhaltigkeit« passt nicht für einen Tankstellenpächter. Und mit »Güte« und »Großzügigkeit« werden Sie als Gerichtsvollzieher nicht viel erreichen.

Auch aus Ihrem Motivprofil können Sie Präferenzen und Ausschlusskriterien ableiten. Welche drei wichtigsten Motive stehen in Ihrem **Plan-B-Buch?** Hier sind einige Anregungen für Ihre eigenen Schlussfolgerungen:[36]

- *Macht:* Bei hoher Ausprägung übernehmen Sie gern Führungsrollen, sind aber ungern anderen Menschen unterstellt.
- *Unabhängigkeit:* Sie sind in unternehmerorientierten Jobs gut aufgehoben, aber in großen Konzernen, im öffentlichen Dienst oder beim Militär werden Sie eher nicht glücklich.
- *Neugier:* Jobs im Bildungsbereich oder im Journalismus würden zu Ihnen passen, Routinejobs eher nicht.
- *Anerkennung:* Bei starkem Bedürfnis nach Anerkennung vertragen Sie Kritik nicht besonders. Sie sollten sich keine Bereiche suchen, wo Sie potenziell »Verrissen« ausgesetzt sein können, zum Beispiel als Schauspieler, Politiker, Autor. In einem eigenen Geschäft oder bei der Feuerwehr unterliegen Sie dagegen seltener einer öffentlichen Bewertung.
- *Ordnung:* Ordnungsmotivierte passen in Jobs mit Organisation, Planung und Detailgenauigkeit. Unberechenbare Tätigkeiten, in denen die Kontrolle über das Geschehen verloren gehen kann, wie etwa beim Job in einem Restaurant oder als Reiseleiter, sind eher weniger geeignet.

- *Sparen:* Tätigkeiten in Museen oder im Handel mit Briefmarken oder anderen Raritäten passen.
- *Ehre:* Das ist etwas für den ehrbaren Kaufmann oder den Berufssoldaten.
- *Idealismus:* Im medizinischen Bereich, im Pflegebereich, in der Sozialarbeit lässt sich dieses Motiv ausleben.
- *Beziehungen:* Überall dort, wo sich das Kontaktbedürfnis einsetzen und ausleben lässt, finden sich passende Jobs. Tätigkeiten, die aus einem Home Office heraus betrieben werden, sind weniger geeignet.
- *Familie:* Außendiensttätigkeiten mit langen Abwesenheitszeiten sind Gift für ein starkes Familienmotiv.
- *Status:* Wer das Gefühl der eigenen Bedeutung befriedigt haben will, muss sich einen Job auf den oberen Rängen der Prestigeskala suchen oder sehen, dass er Karriere macht oder mit einem eigenen Unternehmen groß »rauskommt«.
- *Rache/Wettbewerb:* Rechtsanwalt oder Staatsanwalt wäre die ideale berufliche Umsetzung dieses Motivs. Aber auch Berufe mit Wettbewerbscharakter, im Vertrieb oder Profisport, würden passen. Als Grundschullehrer oder Kinderkrankenschwester wären Rache- oder Wettbewerbsorientierte fehl am Platz.
- *Sinnlichkeit:* Dazu passen Jobs, in denen es auf ästhetisches Empfinden ankommt, etwa Schauspieler, Künstler, Designer, Musiker.
- *Ernährung:* Alles, was mit Lebensmitteln zu tun hat, wären geeignete Tätigkeitsfelder.
- *Körperliche Aktivität:* In der Landwirtschaft, im Gartenbau, als Kellner, auf dem Bau, im Profisport lässt sich der Bewegungsdrang ausleben. Ein reiner Schreibtischjob wäre weniger geeignet.
- *Ruhe:* Stressige Jobs passen nicht zu einem stark ausgeprägten Ruhemotiv. Menschen mit geringem Ruhemotiv dagegen blühen unter Stress auf und lieben Tätigkeiten mit Termindruck und Deadlines und fühlen sich in einem Job wohl, in dem sie ihre Überraschungskompetenz ausspielen können.

Notieren Sie Ihre Erkenntnisse zur Suchraumeinschränkung im **Plan-B-Buch:**

Das passt auf keinen Fall zu meiner Person:

Das passt auf keinen Fall zu meinen Werten:

Das passt auf keinen Fall zu meinen Motiven:

22. Aktivität

Der passende Job für meinen Plan B

Jetzt bringen Sie Ihr gesamtes kreatives Potenzial noch einmal zum Einsatz. Sie führen ein Solo-Brainstorming durch (siehe 18. Aktivität) und/oder ein Brainstorming im Team (siehe 19. Aktivität). Sie legen fest, ob Sie eher einen Job in einem Unternehmen suchen oder eine selbständige oder freiberufliche Tätigkeit anstreben. Die Fragstellung lautet:
Wo findet sich das passende Betätigungsfeld für meinen Plan B?

Auswertung: Bei der Ideensichtung hilft Ihnen das Vierfelderschema (Abbildung 6, S. 142). Für die Ideenbewertung berücksichtigen Sie die Erkenntnisse zur Suchraumeinschränkung (Person, Werte, Motive).

Notieren Sie im **Plan-B-Buch** die besten Ideen für passende Tätigkeitsfelder:
Mögliches Tätigkeitsfeld 1:

Mögliches Tätigkeitsfeld 2:

Mögliches Tätigkeitsfeld 3:

Aus der Schule durch Zufall in die Welt der Shaker

»Nach acht Jahren Kinder großziehen fing ich am ersten Schultag meines zweiten Kindes an, wieder in der Schule zu arbeiten. Leider musste ich feststellen, dass ich, wenn ich mittags nach Hause kam, für meine eigenen Kinder keine Geduld mehr hatte. Auch fiel es mir schwer, mich gegen die Schüler durchzusetzen. Dann ergab sich durch Zufall, dass ich von einem Shaker-Laden in London hörte. Ich hatte mich immer sehr für Möbel interessiert und so eröffnete ich zusammen mit einer Freundin ein kleines Möbelgeschäft. Diesen Entschluss habe ich nie bereut.« Das schrieb mir Margarethe Baumgartner auf meine Frage, warum sie vor 17 Jahren den Lehrerinnenberuf an den Nagel gehängt und sich in München auf den Handel mit den berühmten Möbeln der zölibatär lebenden Religionsgemeinschaft spezialisiert hat. War es eher der Schulfrust oder ihre unternehmerische Ader? Oder der Zufall vom nächsten Kapitel?

Was Ihr Plan B mit Ihnen unternimmt

Leben ist das, was passiert,
während du eifrig dabei bist,
andere Pläne zu machen.

John Lennon

Heute würde kein Mensch mehr über Martin Luther reden. Er wäre nie so groß rausgekommen, wie ihm das mit seinem Plan B gelungen ist, hätte er nicht wegen einer Lebenskrise seine geplante, hoffnungsvolle Karriere beim bisherigen Arbeitgeber aufgegeben. Steven Reiss wäre der unbekannte Psychologieprofessor einer amerikanischen Provinzuniversität geblieben und hätte nie sein Motivationsprofil in die Welt gesetzt, wenn ihn nicht eine lebensbedrohliche Krankheit dazu gebracht hätte, über den Sinn des Lebens nachzudenken und darüber, was uns Menschen eigentlich antreibt. Auch Paul J. Kohtes hat nach einer Lebenskrise seinen Plan A hingeschmissen und die von ihm gegründete große deutsche PR-Agentur hinter sich gelassen. Sonst wäre ihm keine Zeit für seinen Plan B geblieben und er würde weder Managern über Tiefpunkte hinweghelfen noch könnten wir von seinen philosophischen Weisheiten über die Problematik einer zu starren Zielfixierung profitieren: »Je exakter ich ein Ziel beschreibe, umso mehr verirre ich mich im Dschungel der Details. […] Die Prozesse des Lebens, ebenso wie in der Wirtschaft, lassen sich eben nicht eins zu eins zusammenzählen, so dass wir zum Schluss sicher und genau bei einer Zielsumme ankommen. Sie folgen nicht nur den Gesetzen der Logik, vielmehr verbergen sich hinter ihnen unendlich viele kreative Vorgänge. Eine Zielorientierung kann also schnell dazu führen, dass das, was angestrebt wurde, gerade nicht erreicht wird« (Kohtes, 2005, S. 53). Zum Glück verschweigt Kohtes eine viel größere Gefahr. Vielleicht will er uns davor bewahren, verrückt zu werden. Zum Glück wird es uns auch selbst nicht bewusst, was passiert, wenn wir ein Ziel erreichen, wenn wir eine Möglichkeit realisieren: Wir haben andere Möglichkeiten ausgelassen. Nie werden wir wissen, ob in einer verpassten Möglichkeit bessere Chancen gesteckt hätten als im erreichten Ziel. Halten wir fest: Eine Zielsetzung garantiert keine Zielerreichung. Erreichen wir tatsächlich ein Ziel, ist das garantiert nicht immer das Beste, was uns passieren konnte. Vielleicht wäre ein besserer neuer Plan A herausgekommen, wenn wir nicht den Plan B, sondern zufällig einen Plan C realisiert hätten.

So ein Zufall

Bei der Zielsetzung brauchen Sie sich also nicht übermäßig anstrengen. Das ist auch besser für den Zufall. Der wird nämlich durch eine zu starke Planung behindert. Das ist den meisten klar. Andererseits wissen die wenigsten, dass sich sogar der Zufall planen lässt und man auf diese Art das Chancenmanagement fördert. In der Managementwissenschaft beschäftigt sich die »planned happenstance theory« mit diesem Phänomen. Diese Theorie der geplanten Zufallsereignisse bejaht die ausgeprägte Existenz von Zufällen und Chancen auf dem Berufsweg und rät, in positiver Form damit umzugehen. Das Unerwartete wird umbewertet, das Krisenhafte mutiert zu neuen Lernchancen. Überraschende Situationen und Möglichkeiten sollen geradezu herbeigeführt, dann ausgeschlachtet und für die eigene Karriere genutzt werden. Nicht nur die Karriere, sondern unser ganzes Leben läuft geplant zufällig, wenn wir es zulassen. Besser ist es, noch einen Schritt weiterzugehen und nicht nur zuzulassen, was sowieso passiert, sondern Zufallsereignisse aktiv anzusteuern. Folgende fünf Strategien helfen dabei:

1. *Neugier:* Neue Erfahrungs- und damit Lernmöglichkeiten suchen. Sie sind sensibilisiert. Sie gehen mit Ihrem Thema schwanger. Sie sehen, was andere nicht sehen. Sie sehen Probleme, wo keine sind.
2. *Ausdauer:* Sich von Rückschlägen nicht entmutigen lassen. Weitermachen. Es aushalten, wenn der Inkubationseffekt, der Geistesblitz, auf sich warten lässt. Sie geben nicht auf, Sie schaffen den Durchbruch.
3. *Flexibilität:* Die eigenen Einstellungen überprüfen und ändern. Den Betrachtungsrahmen wechseln. Sie haben Ihren Erfindergeist und Ihr Chancenmanagement aktiviert. Kreative Antennen ausgefahren. Sie kombinieren neu.

4. *Optimismus:* Neue Gelegenheiten als möglich und erreichbar bewerten. Sie haben mit der Erschließung von Alternativen Ihre Selbstwirksamkeit gefördert.
5. *Risikoübernahme:* Trotz eines unsicheren Ausgangs handeln. Sie haben sich mental umprogrammiert, gehen mutig Ihren Weg und testen Ihre Schranken.

Karriereberater wie John D. Krumboltz sehen im Konzept geplanter Zufallsereignisse vier Phasen und verdeutlichen mit Leitfragen, worauf es in den einzelnen Phasen ankommt (Mitchell, Levin u. Krumboltz, 1999).

Phase 1 – Ungeplante Zufälle als Normalität in der eigenen Biographie annehmen. Zufälle nicht als »Ausrutscher« sehen. Keine Schuldgefühle (Motto: »Das habe ich nicht verdient!«) entwickeln, wenn sich ungeplante Umstände und Ereignisse positiv auf die Karriere auswirken.
- In welcher Form haben ungeplante Ereignisse mein Leben (meine Karriere) beeinflusst?
- Wie bin ich mit diesen Ereignissen umgegangen, so dass sie mich beeinflusst haben?
- Welche Gefühle habe ich hinsichtlich ungeplanter Ereignisse und Zufälle in der Zukunft?

Phase 2 – Neugier anstacheln und Situationen erforschen. Unerwartete Ereignisse sind Chancen, die man erforschen und ausschlachten muss.
- Wie kann ich meine Neugier anfachen?
- Wie haben einzelne Zufälle zu meiner Neugier beigetragen?
- Wie kann ich meine Neugier auswerten?
- Was kann ich aus meiner Neugier für mein Leben ableiten?

Phase 3 – Ereignisse und Zufälle herbeiführen. Positiv erlebte Zufälle sind kein Ergebnis eines passiv erduldeten Schicksals. Man kann konkrete Schritte und konstruktive Aktionen unternehmen, um mehr Chancen herbeizuführen und gegenüber den sich dadurch bietenden Möglichkeiten offener zu werden.

- Kann ich eine Gelegenheit oder ein Ereignis beschreiben, deren oder dessen Eintritt ich wünsche?
- Wie kann ich die Eintrittswahrscheinlichkeit dieses Ereignisses erhöhen?
- Was würde sich in meinem Leben verändern, wenn ich so handeln würde?
- Was würde sich in meinem Leben verändern, wenn ich nichts unternehme?

Phase 4 – Barrieren und Widerstände überwinden. Handeln! Sich trauen und passende Aktionen starten.
- Was hält mich davon ab, zu tun, was ich tun will?
- Warum ist dieser Widerstand besonders hartnäckig?
- Wie haben sich andere über solche Widerstände hinweggesetzt?
- Was unternehme ich als ersten Schritt, um diese Blockade zu überwinden?

Zu viel Zielfixierung vernichtet Chancen und behindert den Zufall. Planen wir deshalb lieber gleich den Zufall. Dazu haben Sie jetzt alle möglichen Anregungen bekommen. Der Zufall hat eine Schwester, die Serendipität. Der kann Planung nichts anhaben, die lebt sogar in gewisser Weise von der Zielsetzung und Sie sehen, alles ist komplizierter. Aber eigentlich können Sie weder beim Zufall noch bei der Serendipität etwas falsch machen.

Serendipity: Etwas finden, was man gar nicht gesucht hat

Manche Leute finden etwas, bevor es andere verloren haben. Das nennt man Diebstahl. Sie werden in nächster Zeit einiges finden, was Sie gar nicht gesucht haben. Das nennt man Serendipity oder Serendipität. Dieses Phänomen erleben Sie regelmäßig an Ihrem Schreibtisch und darauf gehen wir ganz zum Schluss ein. Die Serendipität wird aber auch auf Ihrem Weg zum Plan B zuschlagen. »Es ist bekannt, dass Leute, wenn sie mit einem Problem konfrontiert werden, oft eine Lösung finden, die nicht nur das Problem löst, sondern auch neue Möglichkeiten eröffnet. Tragisch daran ist, dass in vielen Fällen diese Möglichkeiten längst

hätten entdeckt werden können, lange bevor das Problem auf-
tauchte« (de Bono, 1992, S. 33).

Warum hat Christopher Kolumbus Amerika entdeckt? Weil
er Indien gesucht hat. Warum hat Alexander Fleming das Peni-
cillin gefunden? Weil ihn Bakterienkulturen interessiert haben.
Warum kam Wilhelm Conrad Röntgen auf die nach ihm benann-
ten Strahlen? Weil er sich mit Kathodenstrahlversuchen herum-
schlug. Alle drei machten zufällige Entdeckungen, als sie eigentlich etwas ganz anderes vorhatten. Die Serendipität schlägt zu: Auf
der Suche nach etwas Bestimmten findet man per Zufall etwas
ganz anderes. Das passiert Ihnen auch, wenn Sie sich auf die Suche nach dem Ursprung der Serendipität begeben. Den Begriff hat
der englische Autor Horace Walpole aus einem alten persischen
Märchen abgeleitet, obwohl dessen Inhalt überhaupt nichts mit
dem zu tun hat, was wir unter Serendipität verstehen sollen. Die
drei schlauen »Prinzen von Serendip« waren unterwegs und tra-
fen einen Kameltreiber, der auf der Suche nach einem entlaufenen
Kamel war. Sie hatten sein gesuchtes Tier zwar nicht gesehen, frag-
ten ihn aber: »Ist es auf dem rechten Auge blind? Lahmt es? Fehlt
ihm ein Zahn?« So war es und prompt wurden sie des Diebstahls
verdächtigt. Dabei hatten sie nur scharf beobachtet und die richtigen Schlüsse aus ihren Beobachtungen gezogen. Das Kamel hatte
nur auf der linken Seite des Weges gefressen, obwohl dort schlechteres Gras wuchs als rechts. Außerdem gab es drei starke Hufab-
drücke und einen schwachen. Und auf dem Weg lagen zerkaute
Grasklumpen in der durch eine Zahnlücke passenden Größe. Serendipity müsste also für die Kunst des genauen Beobachtens und
Schlussfolgerns stehen, bedeutet aber, etwas zu suchen und etwas ganz anderes zu finden. Und so hat Horace Walpole aus dem
Märchen einen schönen Begriff abgeleitet, der mit dem Inhalt des
Märchens überhaupt nichts zu tun hat.

Was hat Serendipität mit Ihrem Plan B zu tun? Ganz einfach:
Was Sie auch immer erreichen wollen, wichtig ist nicht, was Sie
vorhatten, sondern das, was tatsächlich dabei herauskommt. Nicht
auf das gewollte Ergebnis kommt es an, sondern auf die unbe-
absichtigte Nebenwirkung. Das ist wie bei einem Medikament.
Ob das etwas nützt, weiß man nie so recht. Sicher sind nur die
unerfreulichen Nebenwirkungen. Achten Sie also bei Ihren Pla-

nungen nicht nur auf das angestrebte Ergebnis, sondern auch auf die Randerscheinungen. Dort finden Sie möglicherweise überraschendere Lösungen, als wenn Sie nur auf das erhoffte Ergebnis geachtet hätten. Das unterscheidet Ihren Plan B von einem Medikament. Bei Ihrem Plan B dürfen Sie sich auf zufällige Nebenwirkungen genauso freuen wie auf die beabsichtigte Hauptwirkung.

Der Plan B macht mit Ihnen, was er will. Seit dem Ressourcencheck wissen Sie, was Sie antreibt und was in Ihnen steckt. Das war der entscheidende Schritt. Egal wie ernsthaft Sie aus Ihrem Ressourcenportfolio einen Plan B entwickelt haben, egal wie gezielt Sie an der Realisierung arbeiten, Ihr Plan B macht – mit Unterstützung von Zufall und Serendipität – mit Ihnen, was er will. Und das ist das Beste, was Ihnen passieren kann.

Das Letzte

Hier ist ein letzter Gedanke zur Serendipität. Das Wunder des ungesuchten Findens erleben Sie auch an Ihrem Schreibtisch. Wie oft Sie dieses Erfolgserlebnis genießen können, hängt davon ab, was Sie für ein Typ sind. Sind Sie ein »Leertischler«, ein ordentlicher Mensch und stolz auf Ihren aufgeräumten Schreibtisch, dann suchen Sie selten etwas und lassen der Serendipität kaum eine Chance. Ganz anders beim chaotischen »Volltischler«. Der ist dauernd am Suchen und findet selten das Gesuchte. Beim erfolglosen Suchen findet er aber zufällig, was er vor kurzem erfolglos gesucht hat. Dieses Phänomen leitet über zum allerletzten Gedanken dieses Buches.

Wie Sie großen und kleinen Krisen zuvorkommen

Jeder Idiot kann eine Krise meistern.
Es ist der Alltag, der uns fertig macht.

Anton Tschechow

Der Kluge meistert keine Krise. Das hat er gar nicht nötig. Der Kluge verhindert Krisen, er kommt ihnen zuvor. Das ist die Botschaft dieses Buches und ich hoffe, Sie ist bei Ihnen angekommen. Wer sich in einem ungeliebten Beruf über die Runden quält, geht am Leben vorbei. Wer unvorbereitet in berufliche Turbulenzen gerät, steht wie ein Idiot da. Beide Situationen entschärfen oder vermeiden Sie mit einem Plan B. Vielleicht haben Sie zum ersten Mal in Ihrem Leben bewusst am Ziel gearbeitet: »Werde, der du bist.« Diese Investition wird sich ganz bestimmt auszahlen.

Wenn es aber gar nicht so schwierig ist, die großen Themen des Lebens in den Griff zu bekommen, wenn uns in Wahrheit die kleinen Probleme des Alltags zermürben? Wenn Tschechow recht hat, weil ihm sogar Goethe beisteht: »Gegenüber der Fähigkeit, die Arbeit eines einzigen Tages sinnvoll zu ordnen, ist alles andere im Leben eine Kinderspiel.« Wir brauchen uns nicht zu streiten, ob es schwieriger ist, einen Plan B auf die Beine zu stellen oder seinen Alltag in den Griff zu bekommen. Ihr Plan B liegt in der Schublade oder Sie realisieren ihn bereits. Jetzt können Sie sich – sofern Sie es nötig haben – um die Bewältigung Ihres beruflichen Alltags kümmern. Wie kommen Sie mit Ihrer Arbeit und Zeit zurecht? Ertrinken Sie in der E-Mail-Flut? Schieben Sie ungeliebte Aufgaben vor sich her? Erledigen Sie alles »auf den letzten Drücker«? Macht Sie der Alltag fertig? Fühlen Sie sich gestresst? Funktioniert Ihr Zeitmanagement perfekt oder chaotisch? Sind Sie ein Chaot oder ein Perfektionist? Wollen Sie das herausfinden und die richtigen Konsequenzen ziehen? Brauchen Sie möglicherweise einen Plan B für Ihr Zeitmanagement? Ich helfe Ihnen gern, lesen Sie mein »Drehbuch für ein perfektes und ein chaotisches Zeitmanagement«!

Medizin gesucht und Chemie gefunden: Mit Plan B zum Nobelpreis!

Ein Nobelpreisträger der Chemie erzählt auf die Frage, wie er zu seinem Fach gekommen sei, von seiner ersten Begegnung mit chemischen Reaktionen, die er als Bub mit Schwarzpulver gemacht hatte. Ein verdorbener Anzug brachte ihm daheim so viel Ärger ein, dass er den Spaß an dem Wissenszweig verlor. Folgerichtig entschließt er sich, Medizin zu studieren. In der Universität sucht er das Immatrikulationsbüro. Vor dem Schalter »Medizin« stehen 20 Leute in der Schlange. Bei »Chemie« wartet nur ein künftiger Student. Kurzentschlossen wirft er seinen Plan A über den Haufen und schreibt sich als Chemiestudent ein. Mit diesem Plan B bringt er es zum Nobelpreis (Rühle, 2004, S. 9).

Anmerkungen

1 Es handelt sich um das Modell von Petzold (zit. nach Richter, 2010, S. 65 f.).

2 Kurznotiz »Ungewissheit macht krank« in der Süddeutschen Zeitung, 14.03.2009, S. 24.

3 NCI (Network for Cooperation & Initiative) ist ein Mitarbeiternetzwerk das mit eigenen Listen bei Betriebsratswahlen antritt. Es wurde 2002 gegründet, um dem Personalabbau bei Siemens zu widerstehen. Zugriff unter www.nci-br.de

4 In einem Interview mit Tina Hüttl. Nur ein soziales Netzwerk schützt effektiv. FAZ Hochschulanzeiger, 16.05.2005.

5 Mit diesen vier Stufen beschreibt Arthur Rowshan (1999, S. 18) den üblichen Lernprozess.

6 Louis van Gaal im Interview mit Andreas Burkert, Moritz Kielbassa und Ludger Schulze. Süddeutsche Zeitung, 14.08.2009, S. 31.

7 Im Artikel »Das Leben ist und bleibt ein Experiment«. Süddeutsche Zeitung, 20.10.2010, S. 10.

8 Christian Ehrig im Interview mit Katrin Blawat. Süddeutsche Zeitung, 30.10.2010, S. 24.

9 Kleines Portrait. Freundin, Nr. 6, 2010, S. 76.

10 Das dramatische Ringen von Wichtigkeit und Dringlichkeit beschreibe ich ausführlich in meinem »Drehbuch für ein perfektes und chaotisches Zeitmanagement« (2011). Dort erfahren Sie auch, wie unterschiedlich Perfektionisten und Chaoten mit diesem Problem zurechtkommen.

11 Focus-Titel: Entwickeln Sie Ihren Plan B. Focus, 31, 2009, S. 94.

12 Björn Brembs im Interview mit Ulrich Pontes. Süddeutsche Zeitung, 10.02.2011, S. 18.

13 In der Spiegel-Titelgeschichte »Ausgebrannt. Das überforderte Ich«. Der Spiegel, 4, 2011, S. 121.

14 Dieses Zitat ist im Film »You're Fired! – Du bist gefeuert!« (USA 2004, Regisseur Mitch Rouse) gefallen.

15 Luciano De Crescenzo im Interview mit Bernadette Conraths. Manager Magazin, 3, 1988, S. 274–283.

16 Zitat im Nachruf auf Ernst Schnabel. Der Spiegel, 1986, 6, S. 220.

17 Bobby Dekeyser im Interview mit Juliane Lutz. Süddeutsche Zeitung, 31.07.2010.

18 Andrian Kreye in der Süddeutschen Zeitung, 27.09.2005.

19 Faith Popcorn im Interview mit Thomas Fischermann. Zeit online, 27.12.2007.

20 Interviews in der schweizerischen Zeitschrift Bilanz, 12, 2009, und in der NZZ am Sonntag, 19.04.2009.

21 Protokolliert von Harald Freiberger in der Süddeutschen Zeitung, 29.03. 2010.

22 Der komplette Reiss-Test umfasst 128 Fragen. Er wird von autorisierten Lizenzinhabern vermarktet (www.reissprofile.eu). Die hier aufgeführten Aussagen sind Modifikationen der bei Reiss (2009) sowie Fuchs und Huber (2002) enthaltenen Kurzfassungen.

23 Die Karriereberaterin Angelika Gulder (2007) »fährt« ein ähnliches Konzept wie Barbara Sher.

24 Roland Rasi in einem Interview mit Juliane Lutz in der Süddeutschen Zeitung, 29.04.2006. Der promovierte Jurist war Generaldirektor einer Schweizer Großbank. E schied nach einem verlorenen Machtkampf aus und berät Führungskräfte, die ihren Job verloren haben.

25 Das berichtete der Ökonom Bruno S. Frey in einem Vortrag an der FU Berlin.

26 Das meint Rolf Stiefel und beruft sich dabei auf Charles Handy. MAO-Brief, 4, 1996, S. 30.

27 Thomas Wyss über Benedikt Germanier. Tages-Anzeiger, 05.02.2011, S. 32.

28 Siehe die Fragebogen-Kurzfassung bei Dehne und Schupp (2007).

29 Thomas Kirchner über Simon Jacomet. Süddeutsche Zeitung, 12.02.2011, S. 30.

30 Nach einem Protokoll von Eva Keller. Süddeutsche Zeitung, 12.03.2009, S. 34.

31 Diese Idee stammt von meinem geschätzten Trainerkollegen Florian Rustler. Er kann Ihnen auch die Mindmapping-Methode beibringen. Schauen Sie doch mal auf seine Internetseite: www.creaffective.de

32 Auch diese Anregung verdanke ich Florian Rustler.

33 Manche niedergelassenen Ärzte suchen allerdings nach Chancen im Bereich der »IGel-Leistungen«. Das sind »individuelle Gesundheitsleistungen«, die der Kassenpatient aus eigener Tasche bezahlt.

34 Das ergab eine Umfrage des Nürnberger Instituts für Arbeitsmarkt- und Berufsforschung (IAB). Süddeutsche Zeitung, 06.06.2009.

35 Zum Verhältnis von Beruf und Persönlichkeiten äußerte sich Jochen Paulus in der Sendung des Südwestrundfunk SWR2 Wissen »Das Fünf mal Eins der Psychologie« vom 14.10.2009.

36 Bei Steven Reiss (2009) finden Sie weitere Hinweise zum Verhältnis von Motivstruktur und passenden Jobs.

Literatur

Atchley, R.C. (1976). The sociology of retirement. Cambridge, MA: Schenkman.

Augstein, F. (2003). Rumsfelds Logik. Süddeutsche Zeitung, 18.01.2003.

Bandura, A. (1997). Self-efficacy: The exercise of control. New York: Freeman.

Bergmann, G. (2001). Kleine Anleitung zur Kreativität. Siegen: Arbeitspapiere zum Systemischen Marketing, S. 1–8.

Berndt, C. (2010). Das Geheimnis einer robusten Seele. Süddeutsche Zeitung, 30.10.2010, S. 24.

Bolles, R. N. (2009). Durchstarten zum Traumjob. Frankfurt a. M.: Campus.

Bono, E. de (1992). Chancen. Düsseldorf: Econ-Taschenbuch-Verlag.

Botton, A. de (2004). StatusAngst. Frankfurt a. M.: S. Fischer.

Branden, N. (2006). Die 6 Säulen des Selbstwertgefühls. München: Piper.

Buer, F., Schmidt-Lellek, C. (2008). Life-Coaching. Göttingen: Vandenhoeck & Ruprecht.

Covey, S. R., Merrill, A. R., Merrill, R. R. (1994). First things first. New York: Simon & Schuster.

Deckstein, D. (2003). Bindungslos, lustlos – erfolglos. Süddeutsche Zeitung, 03.11.2003.

Dehne, M., Schupp, J. (2007). Persönlichkeitsmerkmale im Sozio-ökonomischen Panel (SOEP) – Konzept, Umsetzung und empirische Eigenschaften. DIW Berlin, Research Note 26.

Doehlemann, M. (1996). Absteiger. Die Kunst des Verlierens. Frankfurt a. M.: Suhrkamp.

Egli, A. (2009). Trendradar: Age of Less. perspektive:blau – Wirtschaftsmagazin, S. 1–3. Zugriff unter www.perspektive-blau.de

Egli, A., Gremaud, T. (2008). Trendradar: Gesellschaftstrends 2008+. perspektive:blau – Wirtschaftsmagazin, S. 1–3. Zugriff unter www.perspektive-blau.de

Eichhorn, C. (2009). Souverän durch Self-Coaching (4. Aufl.). Göttingen: Vandenhoeck & Ruprecht.

Enzensberger, H. M. (1996). Reminiszenzen an den Überfluss. Der Spiegel, 51, S. 108–118.

Förster, A., Kreuz, P. (2005). Different Thinking – Systematisches Querdenken als innovatives Erfolgskonzept. perspektive:blau – Wirtschaftsmagazin, S. 1–2. Zugriff unter www.perspektive-blau.de

Frey, B. S., Frey Marti, C. (2010). Glück – Die Sicht der Ökonomie. Zürich u. Chur: Rüegger Verlag.

Fuchs, H., Huber, A. (2002). Die 16 Lebensmotive. München: Deutscher Taschenbuch Verlag.

Gertz, H. (2009). Rausgeben kann sie jedem. Süddeutsche Zeitung, 01.08.2009, S. 3.

Glaubitz, U. (2009). Der Job, der zu mir passt. Frankfurt a. M.: Campus.

Grün, N. (2010). Mit 70 hat man noch Träume. Süddeutsche Zeitung, 18.12. 2010, S. V2/11.

Gulder, A. (2007). Finde den Job, der dich glücklich macht. Frankfurt a. M.: Campus.

Hage, V. (2010). Einer räumt auf. Der Spiegel, 51, S. 154.

Handy, C. (2007). Ich und andere Nebensächlichkeiten. Berlin: Econ.

Hordych, B. (2011). Die Welt zum Sammeln. Süddeutsche Zeitung, 28.01.2011, S. 38.

Kast, V. (2004). Die Kunst, sich dem Strom des Lebens zu überlassen. Psychologie heute, 8, 26–30.

Klein, S. (2004). Alles Zufall. Reinbek: Rowohlt.

Kohtes, P. J. (2005). Dein Job ist es, frei zu sein. Bielefeld: Kamphausen.

Kotteder, F. (2011). Wege zur Erleuchtung. Süddeutsche Zeitung, 17.02.2011, S. 44.

Kuhr, D. (2002). Ausbruch aus einer kleinen Welt. Süddeutsche Zeitung, 10.08.2002.

Layard, R. (2005). Die glückliche Gesellschaft. Frankfurt a. M.: Campus.

Leinemann, J. (2009). »Der Tod, mein Lebensbegleiter«. Der Spiegel, 36, S. 32–44.

Lessing, D. (1994). Unter der Haut. Hamburg: Hoffmann und Campe.

Maeder, M. (2010). Vom Herzchirurgen zum Fernfahrer. München: Goldmann.

Mitchell, K. E., Levin, A. S., Krumboltz, J. D. (1999). Planned happenstance: Constructing unexpected career opportunities. Journal of Counseling and Development, 77 (2), S. 115–124.

Moss, D. (1993). Leben Sie riskant! Die Zeit, 31.12.1993, S. 34.

Mühlauer, A., Wilhelm, H. (2009). Und, wie schlecht geht es dir? Süddeutsche Zeitung, 28.02.2009.

Nohn, C. (2011). »Wann, wenn nicht jetzt«. Süddeutsche Zeitung, 23.02.2011, S. 9.

Nuber, U. (2002). Das schaffe ich schon! Psychologie heute, 2, 20–25.

Pahl, R. (1996). Was kommt nach dem Erfolg? gdi impuls, 4, 17–24.

Prokopy, K. (2010). Schatzsuche im Abrisshaus. Süddeutsche Zeitung, 15.01. 2010, S. 36.

Reiss, S. (2009). Wer bin ich und was will ich wirklich? München: Redline.

Richter, K. F. (2010). Coaching als kreativer Prozess. Göttingen: Vandenhoeck & Ruprecht.

Roeseler, A. (1992). Ein unsicheres, glückliches Leben. Zum Tod des Verlegers Heinrich Maria Ledig-Rowohlt. Süddeutsche Zeitung, 29.02.1992, S. 15.

Rowshan, A. (1999). Stress verhindern, mindern und nutzen. Frankfurt a. M.: Zweitausendeins.

Rühle, H. (2004). Die Kunst der Improvisation. Paderborn: Junfermann.

Rühle, H. (2011). Drehbuch für ein perfektes und ein chaotisches Zeitmanagement. Göttingen: Vandenhoeck & Ruprecht.

Rytina, S. (2010). Risiko Ruhestand. Augsburger Allgemeine, 20.09.2010.

Sauer, U. (2010). Kühle Karrieren. Süddeutsche Zeitung, 21.07.2010.

Schmid, W. (1999). Philosophie der Lebenskunst. Frankfurt a. M.: Suhrkamp.

Schmitz, T. (2010). Hauptstadt der Geschäftsidee. Süddeutsche Zeitung, 04.08. 2010, S. 9.

Schröder-Wilfer, B. (2004). Die Schmerzen seelischer Verletzungen. Kneipp-Journal, 9, 394–397.

Schwertfeger, B. (2002). Schritt für Schritt. Wirtschaftswoche, 07.02.2002.

Seel, T. (2009). Schule des Lebens. Dogs-Magazin, 4, S. 53–58.

Shapero, A. (1976). Die heimatlosen Unternehmer. Psychologie heute, 3, S. 59–67.

Sher, B. (2009). Wishcraft. Lebensträume und Berufsziele entdecken und verwirklichen. Osnabrück: Edition Schwarzer.

Smolka, H.-M. (2001). Kritische Lebensereignisse und heitere Gelassenheit. Diplomarbeit zur Erlangung des Magistrades der Naturwissenschaften an der Grund- und Integrativwissenschaftlichen Fakultät der Universität Wien.

Stiefel, R. T. (2000). Proaktivität und Karriereerfolg. MAO-Brief, 3, S. 28–30.

Vieweg, W. (2003). Mit Entscheidungsoptionen führen. FAZ, 24.11.2003, S. 22.

Weick, K. E. (1995). Der Prozess des Organisierens. Frankfurt a. M.: Suhrkamp.

Weick, K. E., Sutcliffe, K. M. (2003). Das Unerwartete managen. Stuttgart: Klett-Cotta.

Werle, K. (2010). Die Perfektionierer. Frankfurt a. M.: Campus.

Wirsching, D. (2010). Leid-Artikel. Augsburger Allgemeine, 10.03.2010, S. 3.

Zweig, J. (2007). Gier. München: Hanser.

Zydra, M. (2010). Gute Kapitalisten. Süddeutsche Zeitung, 30.01.2010, S. 34.